硅缓解水稻锰毒害的机理研究

李　萍　著

气象出版社
China Meteorological Press

内容简介

本书主要介绍了硅缓解水稻锰毒害机理研究情况。硅不仅是水稻细胞结构成分和组成物质，还能增强水稻抗倒伏能力，改善水稻冠层结构，促进光合作用，参与调节水稻各种生理生化代谢过程，提高群体质量，促进产量、品质和肥料吸收利用效率的协同提高。硅通过促进水稻体内元素转运或保持元素含量平衡、提高抗氧化系统活性、保持叶绿体结构完整、增加光合作用、调控有关代谢调节、离子转运、信号传导、转录调节和逆境应答等基因来缓解锰毒害。

图书在版编目(CIP)数据

硅缓解水稻锰毒害的机理研究 / 李萍著. --北京 ：气象出版社，2016.12

ISBN 978-7-5029-6536-5

Ⅰ.①硅… Ⅱ.①李… Ⅲ.①硅-影响-水稻-锰-残留农药解毒-研究 Ⅳ.①X592

中国版本图书馆 CIP 数据核字(2017)第 074623 号

出版发行：气象出版社
地　　址：北京市海淀区中关村南大街 46 号　**邮政编码**：100081
电　　话：010-68407112(总编室)　010-68408042(发行部)
网　　址：http://www.qxcbs.com　**E-mail**：qxcbs@cma.gov.cn
责任编辑：王元庆　**终　　审**：邵俊年
责任校对：王丽梅　**责任技编**：赵相宁
封面设计：博雅思
印　　刷：北京建宏印刷有限公司
开　　本：880 mm×1230 mm　1/32　**印　　张**：4.5
字　　数：150 千字　**彩　　插**：4
版　　次：2016 年 12 月第 1 版　**印　　次**：2016 年 12 月第 1 次印刷
定　　价：36.00 元

前　言

我国是水稻起源地之一，在上万年的植稻历程中，水稻成为我国第一大粮食作物。水稻常年种植面积约 3000 万 hm^2，约占全国谷物种植面积的 30%、世界水稻种植面积的 20%；全中国水稻年产量达 2000 亿 kg，占世界产量的一半以上。稻米生产是我国粮食安全的基石，确保我国粮食安全，首先要确保水稻生产的稳定。

锰作为一种水稻必需营养元素，在植物体内起着非常重要的生理作用，锰直接参与植物光合作用中电子传递系统的氧化还原过程及 PSⅡ系统中水的光解；同时，锰是超氧化物歧化酶（SOD）的重要组成元素，对胁迫时产生的氧自由基有重要的清除作用。锰在土壤中的总量相对较高，但作为一种多价态金属元素，土壤环境对其在土壤中有效态含量有着明显的影响。然而，过量的锰对植物具有毒性早已被确认，它是全世界酸性土壤和渍水土壤制约植物生长的一个重要因素，锰毒可能继铝毒之后是酸性土壤上植物生长第二个最重要的限制因素。在我国，锰毒土壤广泛存在。南方大面积的酸性土壤、一些矿区土壤及由于长期淹水、氧化还原电位低、pH 偏低的水稻土，大量的锰在土壤中积累，从而严重影响作物生长发育与产量。水稻土亚锰离子浓度过高影响水稻生长发育，使水稻分蘖数、穗粒数减少，结实率低、千粒重小，严重影响产量。

传统的治理锰过量方法主要有客土法、清洗法、添加改良剂、抑制剂等，这些方法往往投资昂贵，需要复杂的设备，而且常常导致土壤结构破坏、生物活性下降和肥力退化等，难以奏效。而硅是土壤和地壳中含量最为丰富的元素之一。自从 1840 年 De Saussure 首次描述了植物体内含有硅之后，越来越多的证据表明，硅对许多作物的正常生长都是有益的。我的导师梁永超教授在他的专著《*Silicon in Agriculture*》中详细介绍了硅对农业的有益作用。该书从硅对水稻的影响来探讨硅的作用。硅不仅是水稻细胞结构成分和组成物质，可增强水稻抗倒伏能力，改善水稻冠层结构，促进光合作用，还参与调节水稻各种生理生化代谢过程，提高群体质量，促进产量、品质和肥料吸收利用效率的协同提高。硅通过物理途径或生理生化途径增强水稻对病虫生物胁迫的抵抗力以及对盐渍、干旱、紫外线、高温、重金属等非生物胁迫的抵抗能力。日本最早于20世纪50年代起立法规定水稻必须施用硅肥，每年的用量约300万t。目前在东南亚的主要产稻国家已将硅肥列为水稻增产的第四大营养元素。相比之下，我国目前水稻推广施用硅肥的规模不大。因此，施用硅肥，对缓解水稻的锰毒害、提高水稻产量并促进水稻生产的持续发展，保障粮食安全具有重要的理论与现实意义。

本书的成果研究和出版过程中得到了国家科技支撑计划(2006BAD02A15)，中国与塞尔维亚政府间科技合作项目“硅提高植物抵抗非生物胁迫能力的机理研究”(2011—2013)，国家自然科学基金项目(31601212)，山西省自然科学基金(2013011039-3)和山西农业大学博士启动基金(2012YJ05)的资助。多年的研究中，得到了中国农业科学院和山西农业大学的支持。衷心的感谢浙江大学梁永超教授、中国农业科学院李兆君研究员、宋阿琳副研究员、范分良副研究员的支持和帮助！

李萍

2016年6月

目　录

第 1 章　硅对水稻的有益作用

硅在自然界的分布占第 3 位，仅次于氧和氢。1926 年美国加州大学 Sommer 首先提出硅是水稻良好生长所必需的元素之后，人们对硅元素的研究越来越重视。东南亚等产稻国已把硅肥列为继氮、磷、钾之后的第四大元素肥料。缺硅后，水稻叶片披散，完全伸长叶呈柳状下垂，下位叶容易凋萎，抽穗后披叶增加，后期稻秆柔软，稻脚不清，表皮细胞硅质化程度低，叶脉间不出现矩形或哑铃形硅质化细胞（张振云，2010）。

1.1　水稻硅吸收特征

在土壤溶液中，硅主要以硅酸（H_4SiO_4）的形式存在（Epstein，1994），Liang *et al*（2006）研究表明，当土壤溶液 pH 值小于 9 时，硅通常以 H_4SiO_4 的形式从土壤溶液被转运到水稻根系内部。Mitani *et al*（2005）研究发现水稻根部的硅含量远高于外部溶液，表明硅从根外向根内的运输是一个主动过程，在根部存在控制硅转运的膜蛋白（Liang *et al*，2006）。Ma *et al*（2001）对水稻突变体的研究表明，根部的根毛基本不参与对硅的吸收，而侧根在硅吸收过程中则发挥着重要作用。通过对水稻突变体克隆，获得了 4 个控制水稻硅转运与积累的基因（OsLsi1、OsLsi2、OsLsi3 和 OsLsi6）（Ma *et al*，2006a；Ma *et al*，2007；Yamaji *et al*，2008；Yamaji *et al*，2015）（图 1.1）。Lsi1 属于水通道蛋白家族中的类根瘤素－26 主要内在蛋白Ⅲ（NIP Ⅲ）亚家族，OsLsi1 定位于水稻根系内、外皮层凯氏带细胞外侧质膜，而 OsLsi2 则定位于相应细胞的外侧细胞质膜上；OsLsi1 是水稻根系 Si 内向转运蛋白，位于第 2 染色体上，主要负责将 Si 从外部溶液转运入根系细胞，将硅酸向内运输；OsLsi2 则起着将硅酸向外运输的作用，位于第 3 染色体上（Ma *et al*，2006a；Ma *et al*，

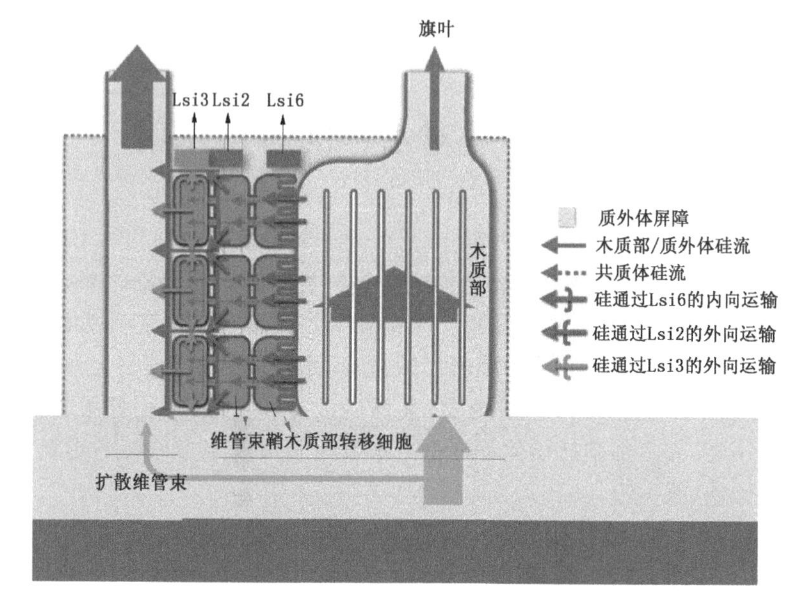

图 1.1 硅的转移路径图(引自 Yamaji *et al*, 2015)
(对应彩图见 135 页彩图 1.1)

2007; Mitani *et al*, 2008)。OsLsi6 也属于 NIPⅢ水通道蛋白亚族，具有 Si 内向转运活性。但与 OsLsi1 不同,OsLsi6 主要在叶鞘和叶片中表达,位于第 6 染色体上,具有明显的极性分布特征,主要分布在靠近导管一侧的木质部薄壁细胞中,对 Si 从木质部到叶鞘和叶片组织的卸载过程中起着重要作用(Yamaji *et al*, 2008)。Lsi3 位于维管束之间的薄壁细胞(Yamaji *et al*, 2015)。Lsi2、Lsi3 和 Lsi6 三个转运蛋白的合作,对于硅分布在水稻的花序和稻壳中是必要的(Yamaji *et al*, 2015)。研究表明水稻根系对硅的吸收部位不在根尖,而在根系的中央区,因为硅转入蛋白 Lsil 定位于中央区的内皮层和外皮层的外端 (Yamaji *et al*, 2009),其中凯氏带在硅的有效吸收中发挥重要作用(Sakurai *et al*, 2015)。硅和(1;3, 1;4) -β-D-葡聚糖共同在水稻体内发挥作用(Kido *et al*, 2015)。He *et al*(2015)研究发现半纤维素绑定的硅在水稻体内发挥重要作用。

水稻不同品种对硅的吸收存在显著差异,陈进红等(2002)的研究表明，杂交粳稻对硅的吸收能力高于常规粳稻，全株硅含量不施硅时增加11.34%，施硅时增加6.43%。同一水稻品种在不同生育时期对硅的吸收也具有很大差异，因水稻品种、生态气候、土壤质地、栽培措施等不同而存在一定的差异。马同生等(1994)研究表明，水稻地上部抽穗期硅含量已达到成熟期含硅数值的90%，拔节期则达到75%以上，从移栽后到拔节期进入了吸收硅旺盛的阶段；虽然其地下部硅含量要比地上部少得多，但却有着相同的趋势。毛振强等(1999)研究指出，水稻体内硅的累积随生育时期的推移以指数形式增加，在拔节期，水稻对硅已有较高的吸收速率，在孕穗期接近高峰，且高峰持续时间长。郑爱珍等(2004)研究发现，水稻对硅的吸收，营养生长期为9.1%～9.6%，生殖生长期为65.3%～66.5%，成熟期为23.8%～25.6%。朱小平等(1995)研究表明，水稻一生中以分蘖—抽穗期吸硅能力最强，其次是抽穗—成熟期，移栽—分蘖期吸硅能力最低。张翠珍等(2003)研究也发现水稻不同生育阶段的吸硅量为分蘖—抽穗期＞抽穗—成熟期＞苗期—分蘖期。甘秀芹等(2004)研究表明，幼穗分化—抽穗期硅素积累能力最强，其次是抽穗—成熟期，播种—幼穗分化期硅素积累能力最弱，其硅素积累量小于总积累量的1/4，3/4以上的硅是在幼穗分化期以后积累的。龚金龙等(2012)研究发现，水稻硅素积累幼穗分化—抽穗期＞移栽—幼穗分化期＞抽穗—成熟期，差异极显著。杨建堂等(2000)的研究却不同，水稻移栽—分蘖期吸硅不多，分蘖—孕穗期吸硅量缓慢上升，孕穗—成熟期吸硅3/4以上。研究表明每667 m^2的高产水稻一季度内可吸收硅酸约相当于75～130 kg的SiO_2，而一般产量的水稻可吸收硅酸约相当于50～60 kg的SiO_2(文春波等，2003；周成河，2005)。

硅在水稻植株中主要以无定形态的$SiO_2 \cdot nH_2O$存在，主要为蛋白石(刘明达，2002)，是由硅酸凝胶脱水而成(Guo *et al*，2005)。水稻茎叶中含硅量通常占干物重的10%～20%，高产水稻含量尤高。在稻秸秆灰中通常含有10%～20%的硅。胡定金等(1995)研究表明，硅在水稻体内的分布遵循“末端”分布规律，即地上部分多于地下部分、叶多于茎，这种积累是不断变化的，其含量随着发育的进行而升高。硅在水稻各部位积累的顺序是：精米(0.5 g/kg)＜米糠(50 g/kg)＜稻秆(130 g/kg) ＜稻壳(230 g/kg)＜稻节(350 g/kg)(江立庚等，2004)。梁永超等(1993)测定，水稻各器官中 SiO_2 含量大小依次为谷壳(5%)、叶片(12%)、叶鞘(10%)、茎(5%)、根(2%)。从生育期上看，前期硅大量分布在茎和叶鞘上，后期则大量分布在穗上(江立庚等，2004；秦遂初等，1983)。水稻所吸收的硅主要积累在植株的表皮层，其次是维管束鞘、维管束和厚壁组织等部位(Ma *et al*，2006b)。由于硅的不断沉积，在水稻叶片表皮(0.1 μm)的下方逐渐形成大约 2.5 μm 厚的角质－硅质双层组织(Ma *et al*，2006b)。在水稻叶片中存在硅细胞和硅体(硅运动细胞)等硅化细胞(Ma *et al*，2002)。水稻叶的维管束中充满着哑铃形的硅细胞；而硅体位于水稻叶片的表面细胞上，呈颗粒状。除了在叶片上，茎秆、叶鞘和谷壳的表皮和维管组织也存在硅化细胞(吴季荣等，2010)。

在珍汕 97B/密阳 46 重组自交系群体中，Dai *et al*(2005)利用 QTL 进行定位，检测到了控制水稻剑叶、茎秆和谷壳三部分硅含量 QTL，4 个控制谷壳硅含量的 QTL 分别位于第 1(长、短臂各一个)、6 和 11 染色体上，联合贡献率为 29.3%；4 个控制剑叶硅含量的 QTL 分别位于第 1、5、11 和 12 染色体上，联合贡献率为 14.8%；2 个控制茎秆硅含量的 QTL 分别位于第 1、5 染色体上，联合贡献率为 8.6%。Ma *et al*(2004)利用 Nip-ponbare 和 Kasalath 作为亲本构建了含有 98 个回交自交系群体，检测到了控制硅吸收最大速率的 3 个 QTL，分别位于第 3、5 和 9 染色体上，这 3 个 QTL 解释了 47.1%的硅吸收表型变异。利用 Kinmaze/DV85 RIL 群体，Wu *et al*(2006)，获得了与单株吸硅能力相关的 3 个 QTL，分别位于第 7、8、10 染色体上，贡献率分别为 13.15%、10.49%和 11.46%；检测到 4 个与单位根吸硅量相关的 QTL，分别位于第 1、3、9 和 11 染色体上，贡献率分别为 11.65%、7.46%、15.14%、12.21%。

1.2　硅对水稻生长发育的影响

硅能促进水稻根系的生长，提高其对水分和养分的吸收量，延长根系的功能期,避免根系早衰(柯玉诗等,1997;高尔明等,1998;饶立华等,1981)。柯玉诗等(1997)研究表明,施用硅肥后,水稻根活力提高一倍,发根量增加20%~30%。施硅促进水稻幼苗的生长,明显增加叶基部叶片表皮细胞的长度和细胞壁伸展性,但施硅并不促进细胞分裂,因此不改变细胞数目(Hossain *et al*, 2002)。周青等(2001)研究表明,水稻施用硅肥可以缩短基部一、二节间长度,增加基部茎粗,改善茎系结构,提高抗倒伏能力;明显提高花后干物质的生产积累能力;提高粒/叶和粒重/叶,协调库源关系;显著增加单位面积上群体的总颖花量和结实粒数,扩大"总库容"。戴培进等(2009)研究也表明,施用硅肥能使主茎地上部第一、二节间的长度显著缩短、茎粗增加、茎秆坚硬,抗倒伏能力增强,形成高产株型。施用硅肥能明显增加水稻的干径,从而提高水稻的抗倒性(李亚超等,2015)。施用 SiO_2 可增加水稻茎秆充实度和机械组织厚度(徐宏书等,2010),提高水稻硅质化程度(Fleck *et al*, 2011),提高水稻抗倒伏能力。林雄(2010)研究也发现,硅能增加水稻茎粗、茎壁厚、单位节间干重,提高茎秆中 SiO_2、纤维素、木质素和灰分含量,从而增加抗倒伏能力。喷施高效硅肥后,水稻植株茎秆横切面腔显著变小,表皮和机械组织构成的茎壁厚度增加;同时有效地抑制水稻主茎上部第4、5节的过度伸长,对防止倒伏十分有利(张磊等,2014b)。吴海兵等(2014)研究发现,施硅可以明显增加水稻植株的茎粗、壁厚、节间充实度和抗折力,同时在一定范围内可以提高水稻产量。施硅后使水稻株高缩短4.20%,茎秆增粗18.58%;基部第1~3节间的长度分别缩短27.99%、30.47%、21.87%,其粗度分别增加36.19%、35.25%、27.47%(阮洪家等,2015)。

施硅后,当水稻植株受伤时,植株体内的过氧化氢酶、过氧化物酶和多酚氧化酶活性提高,茉莉酸含量下降,与茉莉酸合成相关基因脂肪氧合酶、氧化丙二烯合酶1、氧化丙二烯合酶2、12-氧-植物二烯酸还原酶、丙二烯氧化环化酶下调表达(Kim *et al*, 2014b)。

施硅能增大水稻最适叶面积,改善冠层受光姿态,促进其对光的吸收,同时降低消光系数,使冠层光合作用增加10%以上(Epstein,1994)。施硅后水稻叶片增厚、维管束加粗,叶细胞内线粒体增多，叶绿体较大，叶片中 ATP 含量增加(Ma *et al*，2006b)。王显等(2010)研究表明，施硅延缓成熟期剑叶叶绿素含量的下降，提高光合速率和气孔导度，降低胞间 CO_2 浓度，改善叶片光合功能。施硅显著增加水稻植株叶片叶绿素浓度和荧光参数(Song *et al*，2014)。

1.3 硅与水稻矿质营养元素吸收的关系

硅可影响水稻中矿质营养的含量。梁永超等(1993)研究发现，土壤有效硅能够显著抑制水稻植株对磷、镁、锰、锌等元素的吸收，但由于硅酸的吸收使植物的干物质有所增加，所以氮、钾的总吸收量还是略有增加的。施硅可提高土壤的供氮能力，增加水稻对氮磷的吸收(柯玉诗等，1997)。土壤有效硅抑制水稻对氮(汪传炳等，1999)和钠(Yeo *et al*，1999)的吸收。Deren (1997) 研究也发现，施硅会降低水稻体内氮的浓度。水稻施硅后，茎叶中的氮含量降低、而穗中的氮含量上升，这对籽粒中蛋白质和淀粉的形成十分有利，从而促使籽粒饱满(邢雪荣等，1998)。江立庚等(2004a)研究发现，施硅增加了叶片谷氨酸丙氨酸氨基转移酶(GPT)和 Q 酶活性，促进了水稻对氮素的吸收。Detmann *et al*(2012)研究表明，施硅能增加水稻氮的利用效率。仰海洲等(2014)研究指出，硅肥显著增加水稻对 N、P 的吸收和利用，使水稻植株氮磷含量明显上升。

水稻含磷量随着硅肥使用量的增加而上升，含氮量则下降(Sistani *et al*，1997)。Ma *et al*(1990)研究提出，硅对水稻磷的含量的影响是多方面的，施用硅肥可抑制对 Fe、Mn 离子的吸收，使植株地上部分 P/Fe 和 P/Mn 比率增加，在磷缺乏的植株体内增加磷的有效性，或是磷含量过高时抑制磷的吸收。胡克伟等(2002)研究结果表明，施硅影响水稻土壤无机磷的形态，磷、硅具有相互促进肥效的关系。

李仁英等(2014)研究发现，土壤中施硅降低了水稻根表铁膜的形成量，因此，降低了铁膜对磷的富集；施硅显著增加了水稻穗及籽粒的磷累积量，使成熟期籽粒中的磷积累量显著增加了 28.7%。

硅对水稻吸收钾的影响有2种不同的观点:在营养液培养条件下,硅显著提高杂交粳稻和常规粳稻体内钾的含量(Chen *et al*, 2002),而在盆栽条件下,却显著降低了水稻体内钾含量(汪传炳等,1999)。Sistani *et al*(1997)研究发现硅能抑制水稻幼苗对氮、铝和锰的吸收,从而使植株对磷、钾的吸收增加。硅可减少水稻植株中钙的浓度和其对营养液中钙的吸收(Ma *et al*, 1993),硅对硒的吸收也有一定的抑制作用(王永锐等,1996)。

王飞军等(2014)研究表明,施用硅肥后,两试验地的水稻吸收氮、磷和钾,分别平均提高10.5%和2.2%、7.0%和2.0%、4.3%和2.4%。

1.4 硅对水稻产量和品质的影响

刘平等(1987)研究表明,水稻随着施硅浓度的增加,根冠比降低,在适宜的硅浓度范围内(SiO_2 80~100 mg/kg),其水稻的分蘖数、结实率、粒重均显著增加。施硅可以促进水稻籽实的生长发育,尤其是能明显增加水稻谷粒的重量。张跃芳等(1999)研究发现,培养杂交水稻花药时加硅可明显提高愈伤组织诱导和分化的频率。低硅水平下,水稻千粒重显著降低(Inanaga *et al*, 2002)。

在韩国,从1975到2000年,26年的田间试验表明,水稻产量随着硅的施入逐渐增加(Kim *et al*, 2002)。李卫国等(2001)研究发现,水稻施硅后,结实率、每穗粒数、有效穗数、千粒重等指标增加,从而增加产量。张国良等(2004)研究证实,水稻施用硅肥后,成穗数、每穗实粒数和千粒重都有不同程度的增加,其中以每穗实粒数增幅最大,而且均随着硅肥用量增加呈先增后降的趋势。商全玉等(2009)研究发,现施用硅肥能增加水稻每穴穗数、一次枝梗籽粒的千粒重、二次枝梗籽粒的千粒重、每穗粒数。周青等(2001)研究表明,水稻施用硅肥明显提高花后干物质的生产积累能力;提高粒/叶和粒重/叶,协调库源关系;显著增加单位面积上群体的总颖花量和结实粒数,扩大“总库容”。仰海洲等(2014)研究发现,高效硅肥显著增加水稻株高、穗长和千粒重;提高颖花量,增加实粒数;提高分蘖率，增加有效穗。张磊等(2014a)研究表明，施硅有利于水稻光合产物的积累和籽粒的充实，降低了空秕率，从而提高了水稻的产量，两种硅肥处理比常规施肥分别增产 14.5%和 10.1%。诸多研究也表明水稻施用硅肥后增加有效穗数、每穗实粒数和千粒重，从而协调穗粒重结构，获得高产(王飞军等，2014；施爱枝，2014；丁亨虎等，2015；阮洪家等，2015)。喷施海藻液硅可以明显增加水稻秧苗素质和产量，分蘖数和白根数分别增加了 44.5%和 22.6%，产量和实粒数分别增加了 11.7%和 5.4%(余跑兰等，2015)。

施硅能提高精米率 3.4% (吴英等，1992)，显著提高整精米率(卢维盛等，2002；商全玉等，2009)，从而改善加工品质。适量施硅可以降低垩白米率、垩白大小和垩白度，改善稻米外观品质(张国良等，2007；商全玉等，2009)。施硅能增加稻米香味(李发林，1997)，增加稻米胶稠度(张国良等，2007)，明显降低直链淀粉含量(卢维盛等，2002)，改善稻米蒸煮品质。施用硅钙磷肥后，稻米裂纹米率下降，蛋白质含量增加(张学军等，2000)。

韩兴华等(2006)研究表明，底施硅肥实产较高，明显高于不施和拔节期施用硅肥，增产分别达到 8.07%和 11.6%。不同生育时期施用硅肥(插秧前底施、分蘖始期追施、拔节前追施、抽穗前追施)对水稻生长发育均有良好的作用，增产效果较为明显，尤以拔节前追施硅肥效果最佳，增产幅度达到 10.5%(宋合林等，2009)。周青等(2001)研究发现，水稻产量多寡随硅肥施入时间表现为分蘖肥＞基肥＞拔节肥(倒 4 叶)＞保花肥(倒 2 叶)＞不施硅。龚金龙等(2012)研究发现水稻有效分蘖临界叶龄期追硅肥产量最高，其次为拔节期追硅，其余依次为有效分蘖期追硅、基施硅、抽穗期追硅和不施硅处理。

1.5 硅对生物胁迫的影响

1.5.1 硅与白叶枯病

Chang *et al* (2002)研究发现，TSWY7 水稻品种对白叶枯病害的抵抗能力随着硅肥用量的增加而增强。薛高峰等(2010a，2010b)

研究发现接种白叶枯病菌后，施硅对白叶枯病的相对防御效果达16.55%～75.82%。施硅后水稻植株叶片中MDA和过氧化氢（H_2O_2）含量显著升高，CAT、POD和抗坏血酸过氧化物酶（PX）活性降低，增加感病植株叶片中脂氧合酶（LOX）、SOD、β-1，3-葡聚糖酶和几丁质外切酶及内切酶活性，降低 H_2O_2 在植物体内积累，增强膜脂过氧化作用，调节抗氧化系统酶活性，激发机体过敏反应（HR），提高水稻对白叶枯病的抗性。

1.5.2　硅与稻瘟病

早在1917年，Onodera首次提出植株叶片含硅量与水稻稻瘟病病害程度成负相关。Kawashima（1927）研究发现，随着施硅量的增加，水稻稻瘟病的发病率下降，类似的报道见Ito *et al*（1931）、Miyake *et al*（1932）。1930年，Inokari *et al*（1930）研究指出，水稻土中施入硅肥可以降低稻瘟病的发病率。Volk *et al*（1958）研究证实，水稻叶片稻瘟病病斑数量与叶片中硅含量的增加呈线性负相关关系。水茂兴等（1999）研究发现：在稻瘟病最易感染时期，供硅会使新嫩叶片组织硅质化，有效地阻碍病菌侵入，使叶瘟发生率显著降低。Seebold *et al*（2001）研究发现，无论水稻品种抗性如何，施用硅肥后，病原真菌潜伏期延长，病斑个数、形状大小与病斑膨胀率等都显著降低。Maekawa *et al*（2001）研究表明，水稻施用硅肥显著抑制了幼苗稻瘟病的侵染。唐旭等（2006）研究发现，施硅能降低水稻穗瘟发病，茎中硅含量与穗瘟的病情指数呈显著负相关，相关系数为-0.969^{**}～-0.772^{*}。孙万春等（2009）研究发现，施硅能增加水稻病程相关蛋白活性和提高酚类物质含量，从而显著降低水稻稻瘟病的发病率和病情指数，防治效果达60.59%。在抽穗期，水稻施硅处理的发病率和病情指数分别比不施硅处理下降8.9%和3.4，其相对防治效果达7.64%（雷雨等，2009）。Gao *et al*（2011）研究发现硅能通过提高水稻光化学效率和调节矿质营养吸收而增强其对稻瘟病的抗性。侯绍春（2010）研究发现，每立方米水培溶液中加入22 mol硅，水稻（IR50）稻瘟病相对发病率比对照降低90%。施硅处理穗颈瘟病比对照处理发病株率下降65.54%（阮洪家等，2015）。

刘俊渤等(2012)研究表明,水稻在施用纳米 SiO_2 后,显著提高叶片叶绿素含量,增加叶片净光合速率、气孔导度和胞间 CO_2 浓度,使水稻叶片的光合作用增强;增加新生根系的根数和最长根长,提高根系活力吸收面积;增大水稻叶面接触角,减小叶倾角,有利于水稻正常生长,从而减少真菌附着。刘俊渤等(2013)进一步研究发现:无论是抗病还是感病水稻品种,接种稻瘟病菌后,施硅处理的水稻叶片表面只存在少量的稻瘟病菌菌丝;利用透射电镜观察可以看到在水稻叶片内形成的矿化硅材料将病菌菌丝包围,抑制了稻瘟病菌对水稻的侵染,从而增强水稻对稻瘟病抗性。葛少彬等(2014b)研究结果表明:接菌条件下施硅处理显著降低了水稻叶片反丁烯二酸、柠檬酸的含量,却增加了叶片中草酸、顺丁烯二酸的含量;硅处理还显著提高了根系中苹果酸和草酸的含量;硅通过影响水稻体内的有机酸代谢而增强其对稻瘟病的抗性。葛少彬等(2014a)进一步研究表明,施硅能调节植物体内酚类物质的含量,并通过诱导信号物质如水杨酸、乙烯、H_2O_2 等的变化来提高水稻植株对稻瘟病的抗性,从而降低水稻品系的稻瘟病的发病率和病情指数。Domiciano *et al*(2015)研究发现,施硅可以提高水稻气体交换性能,降低光化学伤害,从而降低对稻瘟病的感病性。

1.5.3 硅与胡麻叶斑病

Takahashi(1967)研究报道指出,施硅可以降低水稻胡麻叶斑病的发病率。Datnoff *et al*(1991)研究发现,在缺硅的有机土壤中,连续两年施用炉渣硅钙肥,胡麻叶斑病相比对照分别降低 15.0% 和 32.4%。Zano-Júnior *et al*(2009)研究表明,在缺硅的土壤中施用硅肥,可以显著降低胡麻叶斑病的发生。Dallagnol *et al*(2009) 研究发现,水稻吸硅缺陷的变异种施硅可以显著增加胡麻叶斑病病菌潜伏期,降低病斑个数和病斑大小。Van Bockhaven 等(2015)研究表明,水稻通过施硅增加光呼吸从而抑制衰老和细胞死亡提高对叶斑病的抗性。Van Bockhaven *et al*(2015a)进一步研究发现,水稻通过施硅抑制真菌侵染植株的乙烯代谢途径来提高其对叶斑病的抗性。

1.5.4　硅与纹枯病

Datnoff *et al*（1991）研究表明水稻施硅显著降低其纹枯病病斑个数、形状大小与病斑膨胀率。在缺硅土壤中施用硅肥后，中度敏感性和敏感性水稻品种，比对照的不施硅肥的水稻品种的纹枯病发病率降低（Rodrigues *et al*，2001）。在水稻孕穗期和开花期，施硅可以显著降低纹枯病的病情（Rodrigues *et al*，2003a；Zhang *et al*，2006）。童蕴慧等（2000）研究发现水稻表皮硅化细胞的数目和大小及角质层厚度与抗纹枯病侵染呈明显正相关，表现为接种纹枯病菌后病斑扩展速度大小：叶鞘内侧>叶鞘外侧>叶片基部，叶枕不发病。张国良等（2006）施硅处理增强了 SOD 和 POD 之间的协调性，降低了 MDA 含量和 PPO 活性，从而显著降低水稻植株的纹枯病病情指数。施硅处理后水稻叶片叶绿素含量、P_n、G_s 均增加，而 Ci 有所降低；最大光化学效率（F_v/F_m）、PSⅡ 有效光化学效率（F_v'/F_m'）、PSⅡ实际光化学效率（ΦPSⅡ）、光化学猝灭系数（qP）和表观光合电子传递速率（ETR）均增加，非光化学猝灭系数（qNP）降低，从而缓解纹枯病菌侵染条件下对光合机构的破坏，提高光化学效率，进而增强水稻对纹枯病的抗性（张国良等，2008）。张国良（2009）进一步研究表明，在水稻感染纹枯病条件下，硅通过促进 EMP 和 PPP 途径的运转来调控水稻的呼吸代谢生化途径，有助于形成更多的 ATP 和 NADPH，为水稻抗纹枯病提供能量和产生更多的中间产物，而这些中间产物又可以合成为具有抗病作用的物质，从而增强水稻抗纹枯病的能力。接种纹枯病菌后，施硅提高抗病品种几丁质酶和 β-1，3-葡聚糖酶的活性，因此，增强了水稻对纹枯病的抗性（张国良等，2010）。顾松平等（2012）研究表明水稻纹枯病对照株发病率为 0.295%，病情指数为 0.059%，施硅处理株发病率在 0.231%～0.142% 之间，病情指数在 0.046%～0.028% 之间，均比对照有所下降。两试验点施硅肥处理后水稻纹枯病丛发病率、株发病率和病情指数分别降低 36.7 和 3.3、19.1 和 9.4、6.5 和 3.0 个百分点（王飞军等，2014）。阮洪家等（2015）研究表明，水稻施硅后纹枯病比对照下降了 14.22%。

范锃岚等(2012)研究表明,水稻纹枯菌胁迫后,施硅后CAT(过氧化氢酶)活性、脂氧合酶(LOX)活性、总可溶性酚含量和木质素含量有增加的趋势,同时诱导和加强水稻与抗性相关基因(PAL、Rcht、AOS、NPR和PR4)(范锃岚,2012)的表达,从而降低纹枯病。

1.5.5 硅与抗虫性

硅含量的提高导致昆虫的喜食程度下降,或者植株硅的积累提供了天然的机械屏障抵御昆虫的刺吸和咀嚼(Ranganathan *et al*, 2006),水稻植株体内的硅含量越高会抑制水稻稻纵卷叶螟的取食方式(Sudhakar *et al*, 1991)。研究表明,植物硅含量与鳞翅目幼虫上颚磨损程度呈正相关,已在水稻二化螟(Sasamoto, 1958; Dravé *et al*, 1978)、稻纵卷叶螟(Hanifa *et al*, 1974; Ramachandran *et al*, 1991)上相继被报道。

Sasamoto(1955)和Nakata *et al*(2008)研究表明,随着水稻体内硅不断累积,茎秆机械强度增加,进而对二化螟的抗性增强。Salim *et al*(1992)发现白背飞虱取食硅含量高的感虫水稻品种后,食物消耗量减少,生长发育减缓,成虫寿命缩短,导致繁殖力和种群增长速度降低。Goussain *et al*(2002)研究表明,野生稻叶表皮硅细胞排列紧密,而杂交稻叶表皮硅细胞排列疏松,相比较而言,野生稻对稻纵卷叶螟的抗性更高。Mishra *et al*(1992)研究发现,水稻抗白背飞虱品种硅含量高于高感品种,抗性品种体内泡状硅酸体细胞排列紧密且数量是高感品种的两倍。Savant *et al*(1997)研究发现,高硅肥处理的稻茎饲喂三化螟幼虫后延长了幼虫蛀入时间,从而在一定程度上阻止了三化螟幼虫的钻蛀和取食。韩永强(2009)研究发现,低龄幼虫取食硅含量高的水稻稻茎,其死亡率增加、生长发育缓慢、体重减轻。韩永强等(2010)研究进一步发现,蚁螟和三龄幼虫钻蛀率随硅肥施用量增加而降低(幅度为5%~28%),同时三龄幼虫蛀入率随硅肥施用量增加而显著下降10%~40%。吴季荣等(2010)研究表明,施硅增强了水稻对三化螟和稻飞虱等多种虫害的抗性,这可能主要是由于硅在水稻地上部体表部位的沉积增加了害虫进食的难度所致。李忠良(2004)研究表明,硅肥处理后显著降低水稻叶片虫食缺刻程度，且施硅处理后稻纵卷叶螟的发生率下降了10.96%，二化螟的发生率下降了11.43%。

Yang *et al*（2014）研究表明，硅处理后的水稻上饲养的白背飞虱产卵量与对照相比明显下降（$P<0.05$）。

1.6　硅对水稻非生物胁迫的影响

1.6.1　抗旱性

Si能维护细胞膜结构和功能的稳定性，从而增强水稻抗热、抗旱能力（Agarie *et al*，1998）。Chen *et al*（2011）研究发现，干旱胁迫下，施硅显著增加水稻光合速率（P_r）、PSⅡ的潜在活力（F_v/F_o）和最大光化学效率（F_v/F_m），降低稻株K、Na、Ca、Mg、Fe含量，从而降低干旱胁迫。陈伟等（2012）研究指出，干旱胁迫下，加硅能提高水稻植株的生物量、水分利用效率、叶片叶绿素含量、净光合速率和蒸腾速率。

施硅降低水稻水分胁迫下的MDA的产生，减少相对电渗透率，增加了根系质膜的稳定性；抑制活性氧的产生、增强根系抗氧化能力，抑制根系细胞中脱落酸（ABA）的快速降解（明东风等，2012）。在水分胁迫下，施硅能够提高水稻植株的渗透调节能力；施硅还能抑制叶绿素的降解，减缓水稻净光合速率和蒸腾速率的下降，提高植株的水分利用率（Ming *et al*，2012）。

1.6.2　温度胁迫

在低温胁迫下，施硅显著增加水稻的株高和生物产量，脯氨酸含量也明显增加，而丙二醛含量则下降（路运才等，2014）。

在高温胁迫下，加硅处理后水稻花药的开裂率和柱头授粉量分别比缺硅处理提高了130%和66%，保证水稻花的受精与结实，提高了水稻的产量（李文彬等，2005）。吴晨阳等（2013）研究表明，在高温胁迫下，施硅可显著增加水稻剑叶叶绿素含量，提高净光合速率和气孔导度，减少胞间CO_2浓度，增强叶片光合作用；提高超氧化物歧化酶(SOD)、过氧化物酶(POD)和过氧化氢酶(CAT)活性,减少MDA含量;提高花粉活力、每个柱头上授粉总数和萌发数,减轻结实率的降低,从而提高杂交水稻的抗热性。

1.6.3 紫外线胁迫

Goto *et al* (2003)研究发现,水稻施硅后通过羟基和共轭羟基降低紫外的吸收。Li *et al* (2004)研究也表明,硅在水稻表皮细胞壁及细胞内部的积累明显促进了紫外吸收物质在表皮细胞中的聚集,使表皮可溶性酚类物质含量增加17%、不溶性酚类物质含量提高65%。硅及其吸收基因Lsi1具有调节水稻耐UV-B辐射的作用(方长旬等,2011)。施硅能缓解UV-B增强后对水稻生长的抑制作用,增加分蘖数、叶绿素含量、地上部和地下部生物量(孟艳等,2015)。吴蕾等(2015)研究表明,UV-B增强下施硅处理增加净光合速率、胞间二氧化碳浓度、气孔导度和水分利用效率的日均值,分别为16.9%~28.0%、3.5%~14.3%、16.8%~38.7%和29.0%~51.2%。

1.6.4 盐胁迫

施硅显著降低盐胁迫下水稻地上部Na^+浓度(Matoh *et al*, 1986)。Yeo *et al* (1999)研究表明,盐胁迫下,施硅增加CO_2同化和气孔导度,从而降低盐胁迫对水稻生长的抑制。适宜浓度的有机及无机硅处理种子,可有效增加水稻种子的萌发速度、萌发率,增加胚根、胚芽的伸长长度,从而增强水稻种子在较高盐分胁迫浓度下抗盐萌发能力(戚乐磊等,2002)。Gong *et al* (2006)研究表明,盐胁迫下硅沉积在水稻根的外皮层和内皮层,从而降低了钠的吸收,并且抑制了钠在质外体中的转移。张文强等(2009a)研究表明,盐胁迫下施硅可以提高两种水稻的发芽指标,且对硅突变体水稻的影响显著大于野生型水稻,可使野生型水稻芽长、芽重和发芽率分别比对照增加127.27%、169.23%和55.17%,发芽势则由对照时的0%提高至23.33%;硅突变体水稻芽长、芽重和发芽率分别比对照增加307.27%、285.71%和80.29%,发芽势则由对照时的2%提高至82.22%。张文强等(2009b)进一步研究表明,盐胁迫下施硅可以提高水稻茎叶与根系中 K、Fe、Mg、Mn、Zn、Ca、P 的含量，并提高茎叶和根系的生物量。黄益宗等(2009)研究结果表明，施硅可显著提高盐胁迫下两种水稻的根系活力，与对照相比分别使野生型和突变体水稻根系活力指数提高 60.47%和 42.42%。叶利民(2012)研究发现盐胁迫下施硅处理显著增加了水稻叶片 SOD 和 POD 活性，降低了 MDA 含量，从而减轻了盐胁迫下叶片膜脂过氧化程度。同时施硅处理可显著增加水稻幼苗地上、地下部分 K^+、Ca^{2+}、Mg^{2+} 的积累，降低 Na^+ 的积累。Shi *et al* (2013)研究表明，盐胁迫下施硅能抑制水稻氯离子从根向茎的运输。

1.6.5　金属毒害

(1)抗镉毒害

蔡德龙等(2000)研究发现，施硅肥能够抑制水稻对镉的吸收，并随硅肥施用量增加，抑制作用有增强趋势。秦淑琴等(1997)试验结果表明，硅对水稻根系镉的吸收量无明显影响，但明显抑制了镉向水稻地上部的迁移。黄秋婵等(2007)研究结果表明，硅通过抑制水稻对镉的吸收和镉的向上运输，而增加自由空间中交换态镉的比重和镉在细胞壁中的沉积等途径缓解镉对水稻的毒害。黄秋婵等(2008)进一步研究表明，硅肥还能够通过提高叶绿素的含量，降低根系细胞质膜的透性，进而阻止 K^+ 外流来缓解镉对水稻的毒害。硅沉积在水稻根的内皮层及纤维层细胞附近，通过阻塞细胞壁孔隙影响镉向质外体运输，从而抑制镉向地上部运输(史新慧等，2006)。Nwugo *et al* (2008) 研究表明，镉胁迫下施硅可以提高光合效率、水分利用率和光使用效率，从而缓解镉对水稻生长的抑制。Tripathi 等(2012a)研究发现镉胁迫下硅可以降低水稻镉的积累，提高抗氧化系统活性，使根和叶片的结构不受伤害，进而降低镉毒害。Liu *et al* (2013)研究表明硅和镉共沉积在细胞壁上，形成硅镉复合物，抑制了镉离子的吸收，从而降低了水稻镉毒害。黄涓等(2014)研究表明，硅能使更多的镉积累在根系的共质体中，阻止其向地上部转运，从而减轻水稻镉毒害。赵颖等(2010)研究发现，随着施硅量的增加，土壤中的可交换态、碳酸盐结合态镉含量降低，而铁锰氧化物态、有机结合态和残渣态镉含量增加；水稻各部位的镉含量呈现降低趋势，且水稻根部和茎叶的镉含量比例上升，糙米的镉含量比例减少。孙岩等(2013)研究发现，硅使水稻中迁移性较强的乙醇提取态和去离子水提取态的镉含量降低，使难迁移的醋酸提取态和盐酸提取态的镉含量升高，因此降低了水稻中镉的毒害作用。施硅通过促进水稻幼苗对 Mg、Cu、Zn、Fe 的吸收来提高光合作用产物，从而缓解镉对水稻幼苗茎叶的毒害(黄秋婵等，2013)。

施硅能够使水稻糙米的镉含量相对下降 92%以上，稻草的含镉量下降 94%(蔡德龙等，2000)。刘鸣达等(2010)研究发现，施硅后水稻叶片 CAT 活性增加 12.3%～16.6%，MDA 含量降低 18.0%～24.6%，Pro 含量降低 31.5%～33.7%，而植株含镉量降低 23.9%～26.5%。

土施和喷施无机、有机硅肥均显著地降低了水稻根、茎叶和稻米中 Cd 的含量及其富集系数，其中，稻米镉含量分别下降了 49.04%、60.55%、62.19%(黄崇玲等，2013)。硅肥施肥处理组都能显著降低水稻籽粒中 Cd 的含量，其中以基施和喷施配施对籽粒的降镉效果最佳，分别使谷壳、糙米和精米降镉幅度达到 62.59%、58.33%和 65.83%(陈喆等，2014)。陈桂芬等(2015)研究也表明，不同硅肥处理均显著降低了稻米中镉的含量($P<0.05$)，其中土施硅肥 750 kg/hm^2 和叶面喷施纳米硅 1500 L/hm^2 处理效果最好，稻米镉含量比对照处理下降 73.45%；喷施纳米硅 1500 L/hm^2 处理稻米镉含量下降 62.07%；土施硅肥 750 kg/hm^2 处理下降 34.48%。喷施海藻液硅处理可以明显抑制稻谷和稻米的镉吸收量，海藻液硅处理后稻谷和稻米中 Cd 含量分别下降了 27.6%和 32.4%(佘跑兰等，2015)。

Nwugo *et al* (2011)发现硅和镉互作中有 60 个蛋白差异表达，其中涉及光合作用、氧化还原反应、蛋白质合成等。外源纳米硅处理后，水稻叶片和根中 γ-谷氨酰半胱氨酸合成酶(γ-ECS)基因的表达稍微有所增强，从而提高水稻幼苗对抗镉毒害的能力(王世华等，2013)。

(2)抗铜毒害

赵红等(2010)研究发现水稻铜毒害下，加入 140 mg/L 的硅素营养，可以缓解铜的毒害作用，而且随着硅离子浓度越大，缓解作用越强。在铜处理为 5 μM 时，硅降低水稻茎和叶中铜的浓度，同时抑制铜由地下部分向地上部分的转移；20 μM 铜处理下，硅增加水稻根中 CAT 和叶中的 SOD 含量，提高水稻茎中重金属解毒部分铜的相对含量，而降低水稻叶中重金属敏感部分铜的相对含量，因此降低了水稻铜毒害(倪玲飞，2014)。

(3)抗砷毒害

施硅均显著降低水稻植株地上部和地下部砷浓度，在低砷土壤中，外源硅使水稻植株地上部砷浓度降低 36%～59%，根系砷浓度降低 15%～37%；在高砷土壤中施硅，地上部砷浓度降低 42%～58%，根系砷浓度降低 70%～82%(郭伟等，2006)。Guo *et al* (2005)研究也表明施硅能够显著降低水稻地上部和根部的 As 浓度及其籽粒中总 As 的含量。Bogdan *et al* (2008)研究发现施硅可明显降低水稻根系对 As 的吸收和累积。黄益宗等(2010)研究也表明施硅可明显降低水稻根系对 As(Ⅲ)和 As(Ⅴ)的吸收。Wu *et al* (2015)研究也表明施加 40 mg/kg 硅显著降低了水稻地上部和根中的砷浓度。李仁英等(2015)研究证实水稻分蘖期施入 100 mg/kg 的硅肥，能显著提高水稻的产量，并降低水稻对砷的积累。As(Ⅲ)和 As(Ⅳ)处理条件下，硅/砷比分别为 10∶1 和 200∶1 时降低了水稻中砷吸收能力及其体内总砷浓度，有效抑制水稻对砷的吸收和转运(孙宇等，2015)。施硅可显著增加水稻的生物量，通过改善抗氧化酶系统清除部分活性氧，进而降低 As 胁迫引起的膜脂过氧化程度(石孟春，2008)。Preeti *et al* (2013)研究也表明施硅可以降低砷的累积，提高抗氧化系统和硫羟系统活性，从而减轻氧化伤害来缓解砷毒害。Sanglard *et al* (2014)施硅能抑制 As 对水稻叶片碳固定的伤害，提高光合作用效率，从而降低砷毒害。

土壤施硅不同程度地降低了野生型水稻体各部位 As 的积累，分别为籽粒 8%～44%、颖壳 21.9%～44.0%、秸秆 5.6%～58.2%、根系 8.2%～22.5%(石孟春，2008)。Li *et al* (2009)研究表明硅能够有效地降低水稻茎秆和籽粒中 As 的浓度，分别达 78%

和 16%,其中籽粒中的无机砷减少了 59%。在水培实验中,施硅后水稻各部分的砷含量均显著下降,茎部最高降幅达到 75%;在大田试验中,施硅后籽粒中的砷含量下降 44%,籽粒重量上升了 21%(廖俊峰,2011)。李懋(2014)研究表明 25 mg/kg 砷处理条件下,施加 25 mg/kg 和 50 mg/kg 硅处理使水稻穗长、产量、千粒重、有效穗和每穗实粒重都增加,分别为 14.5%、309.5%、9.2%、64.7%、357.0%(25 mg/kg Si)和 11.7%、178.6%、3.11%、52.9% 和 179.4%(50 mg/kg Si);施加 25 mg/kg 硅和 50 mg/kg 硅处理使水稻糙米中砷的含量分别下降了 15.4%和 18.7%。

Ma *et al* (2008)研究发现水通道蛋白的 NIP 亚族中硅转运蛋白参与了水稻对亚砷酸的吸收,水稻根系硅转运系统可以转运部分 As(Ⅲ),通过施硅可以降低水稻对亚砷酸的吸收,从而降低砷的积累。

(4)抗锌毒害

Song *et al* (2011) 研究发现硅能降低根部锌向上运输、提高抗氧化防御能力、保持细胞膜的完整性而提高水稻对锌毒的忍耐性。在锌胁迫下,施硅处理显著增加水稻植株生物量、叶片叶绿素含量和可溶性蛋白质含量,而叶片质膜透性、MDA 含量、POD 活性和可溶性糖含量显著降低,从而提高水稻植株对锌胁迫的抗性(张翠翠等,2012)。在锌胁迫下,施硅可以降低水稻锌的吸收和转运,使锌绑定在细胞壁上,从而减轻锌毒害(Gu *et al*, 2011)。施硅可以锌胁迫下水稻叶绿体保持完整,增加光合作用,调控光合作用其相关基因表达,从而抑制锌毒害(Song *et al*, 2014)。

(5)抗铝毒害

施硅能降低铝胁迫对水稻根系生长的抑制(Rahman *et al*, 1988)。Hara *et al* (1999)研究表明铝胁迫下施硅会降低水稻溶液中 Al 的浓度,改变 Al 的形态,从而缓解 Al 对根系和生长的抑制。在铝胁迫条件下,加入不同形态的硅酸可有效地降低了溶液中单质态 Al 离子的浓度,改变了溶液中 Al 的形态,从而减轻 Al 对水稻的胁迫,根的伸长量接近或达到对照处理的水平(顾明华等,2002)。在铝胁迫下,施硅可以降低水稻铝的积累,保持营养元素平衡,使根毛和叶片的结构不受到破坏，从而减轻铝毒害(Singh *et al*, 2011)。徐芬芬等(2013)研究发现施硅可降低根系的相对电导率，增加叶片的叶绿素荧光参数，提高净光合速率，促进铝胁迫下水稻幼苗的生长。

(6)抗铬毒害

在水稻铬毒害水培试验中，水溶性硅酸盐在水溶液中可水解生成呈凝胶状的 H_2SiO_3，其可能会吸附部分的重金属 Cr (张伟锋等，1997)。张伟锋等(1997)研究表明，施硅可以抑制水稻苗中由 Cr^{3+} 引起的过氧化物酶活性升高和可溶性糖含量的增加及可溶性蛋白含量的降低，进而降低了高浓度 Cr^{3+} 对水稻幼苗的毒害。Zeng *et al* (2011)研究发现硅能缓解铬对水稻植株的伤害，增加干物质重。Tripathi *et al* (2012b)研究发现铬胁迫下施硅可以降低水稻铬的积累，抑制铬向地上部分转移，同时降低 MDA 水平，提高 K、Fe 和 Zn 的含量和抗氧化系统活性，从而减轻铬毒害。

(7)其他毒害

在铁毒害下，施硅可以降低水稻铁的吸收(Okuda *et al*，1965)。Fu *et al* (2012)研究表明铁毒害下，施硅可以增加水稻的干物质重。Dufey *et al* (2014)研究表明施硅可以减轻水稻铁毒害症状。

在锑毒害下，施硅能使水稻根中 CAT 和 SOD 的活性升高，并降低水稻根中锑浓度，从而缓解水稻锑毒害(倪玲飞，2014)。向猛等(2014)研究表明施硅可以显著地降低水稻根系对锑的吸收和茎叶对锑的积累。

施硅后，各化学形态铅含量均降低，乙醇和去离子水提取态铅比例显著下降，从而降低了水稻铅毒害(鲍娜娜等，2014)。

王世华等(2007)研究表明叶面喷施硅制剂显著降低了籽粒对 Cd、Pb、Cu、Zn 的吸收量，从而提高了水稻百粒重量及单株穗重量。Gu *et al* (2011a)研究表明，硅可以和 Cd、Pb、Cu 和 Zn 形成共沉淀，进而抑制水稻体内这些金属元素的转移，从而减轻金属毒害。

综上所述，硅对水稻的有益作用表现为：(1)促进水稻根系生长，增加根系活力，促进水分和养分的吸收；(2)促进水稻株型挺拔、叶片叶绿体增大、叶绿素含量增加，从而提高净光合率；(3)水稻吸收硅后，在体内形成硅质细胞，使茎叶表层细胞壁加厚，角质层增加，从而提高抗倒伏能力和植株抗病虫害能力；(4)改善稻米的加工和外观品质，提高稻米的蒸煮和营养品质；(5)抑制水稻对金属元素的吸收，同金属元素共沉淀，降低其向地上部分的转移，减少膜质过氧化，提高抗氧化系统活性；(6)调控转运子、转录因子以及光合作用相关基因等表达水平。

第2章 锰毒害

2.1 土壤中的锰及形态

土壤中的锰是植物锰素的主要来源，其被植物吸收利用的有效态分为：水溶态、交换态、易还原态（刘铮，1991）。土壤中有效锰的供给状况主要受 pH 值和氧化还原电位控制（刘鑫等，2003；Marschner，1990）。随着 pH 的升高，有效态的锰呈减少的趋势，当 pH>8时，可溶性的锰很容易转化为 MnO_2 沉淀。pH 6～6.5 为锰氧化还原的临界值，pH<6 时有利 Mn 的还原，pH>6.5 时则有利 Mn 的氧化（刘学军等，1997）。在酸性条件下，有利于锰的释放，因此，强酸性土壤会因可溶性锰过多对植物产生锰毒害，而中性和碱性土壤中则会出现缺锰现象。土壤的氧化还原电位降低，有利于锰的释放，当土壤中 Eh<500 mV 时，Mn^{4+} 会被还原成 Mn^{2+}。土壤渍水可使有效态锰含量增加（袁可能，1983）。此外，土壤中有效锰的含量还与土壤有机质含量（刘学军等，1997）和微生物活动有关（王敬国，1995）。土壤 pH 值、氧化还原电位和微生物活动等促使各种形态的锰在土壤中保持动态平衡。

2.2 锰在植物中的生理作用

2.2.1 植物对锰的吸收

植物根系主要吸收二价锰离子，锰的吸收受代谢作用控制，同时土壤 pH 值和氧化还原电位也影响锰的吸收。锰在植物体内主要以二价锰离子形态进行转运，而不是有机络合态。由于韧皮部汁液中锰的浓度很低，所以植物体内锰的移动性很低。锰优先转运到分生组织，因此，植物幼嫩器官通常富含锰。植物吸收的锰大部分积累在叶子中。根据植物种类的不同，过量的 Mn 可能积累在液泡(Foy *et al*，1988)、细胞壁(Menon *et al*，1984)，囊泡(Hughes *et al*，1988)和叶绿体膜(Lidon *et al*，2000a)。不同的植物和同一植物不同部位的组织中，锰毒症状往往表现不同，地上部老组织上的锰毒症状一般表现为明显的暗褐色斑点、坏死斑、失绿斑，以及叶缘、叶尖失绿(张福锁，1993)，而幼叶中锰中毒往往表现为“变形症”或“失绿症”(Clark *et al*，1981；EL-Jaoual *et al*，1988)。Wissemeier *et al* (1992)研究发现豌豆受锰胁迫后老叶出现了黑褐色斑点，在斑点附近，出现大量聚苯胺蓝荧光物质，形成 1,3-β-葡聚糖(胼胝质)，而胼胝质的形成预示着植株出现锰毒害现象。

2.2.2 锰在植物酶活性中的作用

由于锰能从+2 价变到+7 价，所以它可以调节植物体内的氧化还原作用。Mn^{2+} 氧化的第一个产物是 Mn^{3+}，如果 Mn^{3+} 未形成稳定的配合物，就会对许多有机物产生很强的氧化作用，对植物产生毒害，Mn^{3+} 可歧化为 Mn^{4+}，即形成 MnO_2，起到解毒作用。高锰胁迫下，光氧化产生较多的 Mn^{3+}，使细胞成分过多氧化而出现缺绿症状(施益华等，2003)。大量的研究表明，高锰诱导了植物氧化胁迫的产生，并且抗氧化系统做出相应的应激反应(González *et al*，1998；Lidon *et al*，2000；Subrahamanyam *et al*，2001)。胡蕾等(2003)研究表明，大豆高锰胁迫下质膜透性显著增加，POD 和 CAT 的活性显著降低。Demirevska-Kepova *et al* (2004)研究也表明，高锰胁迫导致了大麦叶片中 H_2O_2 的大量积累，显著抑制了 APX 的活性，降低了 ASC 的含量，而增加了 CAT 和 GPX 活性。曾琦等(2004)研究表明，高锰胁迫使油菜功能叶中 CAT 活性显著降低，POD 活性显著增加。史庆华等(2005)研究也表明，高锰胁迫下黄瓜 APX、GR 等清除活性氧的酶活性升高。俞慧娜等(2005)也指出：随锰浓度的不断增加，过氧化物酶活性先增大后减小，而丙二醛含量表现为先减少后增大的趋势。植物体内 Mn^{2+} 浓度增加可以增强其 SOD 活性，特别是 Mn-SOD 活性(Fernando *et al*，2000；史庆华等，

2005)。但 Demirevska-Kepova *et al* (2004)研究表明高锰胁迫抑制了大麦叶片中 SOD 活性。Shenker *et al* (2004)研究表明,番茄在高锰胁迫下不仅 Mn-SOD 活性提高,Cu/Zn-SOD 活性也得到显著增加。徐根娣等(2006)指出,高锰胁迫下大豆锰敏感品种的过氧化物酶和酯酶同工酶的酶活性和酶带数目变化幅度较大。

2.2.3 锰在植物光合作用中的作用

锰在希尔反应中起作用,它维护叶绿体膜结构;Mn 在光系统放氧复合体中 PSⅡ的反应中心裂解水,并向类囊体耦联的电子传递链提供电子(Husted *et al*, 2009),光系统Ⅱ的反应中心(色素 690)至少需要 4 个锰原子传递电子。但 Mn 过量也会对植物造成伤害,高锰胁迫导致植物叶片中叶绿素含量的降低是最为常见的症状之一。其原因一方面是因为高锰抑制了叶绿素合成必需元素 Mg 和 Fe 等的吸收,使叶绿素合成受阻(Hauck *et al*, 2003),另一方面可能因为锰胁迫时,产生大量的活性氧,攻击叶绿素分子,改变叶绿体结构,影响其正常的功能(Issa *et al*,1995)。有研究表明,高锰胁迫还可以改变植物叶片气孔的密度(Lidon, 2002)。高锰胁迫对以上这些因素的改变在很大程度上影响植物的光合作用。研究表明,白桦树(Kitao *et al*, 1997)、赤小豆(Subrahmanyam *et al*, 2001)、绿豆(Sinha *et al*, 2002)、黄瓜(Feng *et al*, 2009)、豇豆(González *et al*, 1997; 1999; González *et al*, 1998)、小麦(Macfie *et al*, 1992; Ohki, 1985)、烟草(Houtz *et al*, 1988; Nable *et al*, 1988)和水稻(Lidon *et al*, 2004;Li *et al*,2015)在锰毒害下光合速率会显著降低。

2.3 植物对锰毒的耐性机制

植物对锰毒的耐性通过两条基本途径,一是金属排斥性,即重金属被植物吸收后又被排出体外,或者重金属在植物体内的运输受到阻碍;另一途径是积累金属,即重金属结合到细胞壁上、积累在液泡、厚角组织等非代谢区域中、与有机酸或某些蛋白质形成络合物等,远离金属活性部位,这样植物体内的锰就以不具生物活性的解毒形态存在(Baker,1987)。

Bidwell *et al* (2002) 研究表明 *Austromyrtus bidwillii* 体内 40%的锰以水溶态形式存在。Mench *et al* (1991)研究表明,柠檬酸、苹果酸、酒石酸等有机酸对锰具有活化作用,增强其在土壤中的移动性。但 Jones *et al* (1994)研究表明柠檬酸和苹果酸对 Mn 没有活化作用。Conlin *et al* (1989)研究发现根际的氧化作用可以使淹水土壤中大量存在的 Fe^{2+}、Mn^{2+} 在根表面及根质外体被氧化形成明显可见的红色铁、锰氧化物胶膜,对阻止 Fe^{2+}、Mn^{2+} 的过量吸收起着重要作用。Xu *et al* (2003)研究发现苹果抗锰性品种的锰在体内均匀分布,并积累在非代谢区域液泡中。Santandrea *et al* (2000) 研究发现,锰主要积累在烟草叶表皮的外细胞壁上。同样 Fecht-Christoffers *et al* (2003a)研究发现在耐锰性强的豇豆叶片中过量锰积累在叶片细胞壁。

植物耐锰营养的分子机制主要集中在转运子的研究上,其中,Irt1(Iron regulated transporter)可以编码金属转运蛋白,通过运输锰来增强耐性(Korshunova *et al*, 1999; Pedas *et al*, 2008)。与 ZIP 转运子家族一样,CDF 家族亦广泛存在于所有真核生物中。Delhaize *et al* (2003)研究表明,拟南芥液泡膜上 shMTR1 转运子可以将锰离子积累在液泡内,过量表达则显著增强耐锰性。CAX 家族在抵抗锰胁迫中也起着重要作用,烟草中 CAX2 大量表达时,对高锰胁迫具有较高耐性(Hirschi *et al*, 2000)。Nramps (natural resistance—associated macrophage proteins)基因家族也是重要的基因家族,Cailliatte *et al* (2010)报道 Nramp1 位于拟南芥根部细胞的质膜上,是锰吸收的重要转运子。Sasaki *et al* (2012)报道 Nramps5 是水稻根部吸收锰的重要转运子。

2.4 锰毒的矫正

土壤中重金属污染的治理一直是国际上研究的难点和热点问题,目前常采用的物理(客土换土法、淋溶法和热处理法等)与化学治理技术(施用化学改良剂和抑制剂等),不仅费用昂贵、需要复杂的设备，而且大多只能暂时缓解重金属的危害，还常常导致土壤结构被破坏，生物活性下降等，并可能导致二次污染。

目前，已有一些文献报道了硅对于增加多种植物（如大麦、豆科植物、南瓜、黑麦草、黄瓜、玉米、水稻）忍耐锰毒的作用。对于许多植物来说，高锰胁迫下，施硅能促进植物生长，抑制棕色斑点形成（Williams *et al*，1957；Horst *et al*，1978），这些棕色斑点是氧化锰（Horiguchi *et al*，1987）和酚类氧化物（Wissemeier *et al*，1992）高浓度累积的结果。Horst *et al*（1978）研究豆类植物发现低锰情况下，硅与锰比率大于 6 时减轻锰毒，在高锰胁迫下（>1000ppm）时，硅与锰比率大于 20 时也不能减轻锰毒害。在硅降低锰胁迫的研究中，硅可以降低有些植物如水稻、苏丹草和高粱对锰的吸收而降低锰毒害的发生（Bowen，1972；Islam *et al*，1969；Galvez *et al*，1989），而有些植物中如南瓜、豇豆和黄瓜施硅虽然没有降低植物体中锰的含量，但是可以通过改善锰在不同组织和细胞中的分布而缓解锰的毒害症状（Iwasaki *et al*，1999；2002；Rogalla *et al*，2002）。但所有的植物加硅处理都会使叶片中的锰分布更均匀，从而增加了植物的叶片组织对过量锰的忍耐性（Horst *et al*，1978；1988；Williams *et al*，1957）。硅减少锰对南瓜的毒害可能是通过使 Si 和 Mn 在叶表的毛囊附近以无代谢活性的形式积累而实现的（Iwasaki *et al*，1999）；另外，硅减轻锰毒在豇豆中的作用，两个因素在其中起着关键的作用：一是硅的供应，改善了细胞壁结合锰的能力，使得细胞壁吸附的锰量增多，从而导致植物原生质体中锰的浓度降低；二是质外体中溶解性 Si 浓度的增加抑制了质外体中 Mn 的毒性（Iwasaki *et al*，2002）。史庆华等（2005）指出，加硅明显降低高锰引起的黄瓜脂膜氧化程度，并增加 SOD、APX、DHAR 和 GR 的活性，增加抗坏血酸和谷胱甘肽的浓度。Doncheva *et al*（2009）指出加硅能减轻锰对玉米叶绿体功能的破坏，并增加叶片表皮层的厚度，从而降低锰毒。在加硅条件下，水稻根系氧化力提高，根际的锰（Mn^{2+}）易被根系氧化成不溶形态并沉积在根系表面，这就减少了水稻对锰的吸收，也就是减轻了锰的毒害（Horiguchi *et al*，1988）。硅的加入会抑制水稻由锰毒引起的过氧化物酶活性的增加，因此，硅可能在维持细胞壁的分隔、防止过氧化物酶进入并与棕色基质的前体接触方面起作用(Horiguchi *et al*, 1988)。Foy *et al* (1999)研究表明,施硅水稻植株和不施硅水稻植株锰中毒的临界值分别为 120 mg/L 和 60 mg/L。

第 3 章　硅对过量锰胁迫下水稻植株生长的影响

锰是植物必需的微量元素之一，在植物体内它参与多种代谢过程。但过量的锰对植物造成胁迫。锰胁迫下，植物会表现出不同程度的中毒症状，植物地上部老组织上的锰毒症状一般表现为明显的暗褐色斑点、坏死斑、失绿斑，以及叶缘和叶尖失绿（张福锁，1993）。

水稻是典型的喜硅作物，茎叶中含硅量通常占干物重的 10%～20%，硅不仅能促进水稻根系生长，增强活力（瞿廷广等，2003），提高水分和养分的吸收量（柯玉诗等，1997；高尔明等，1998；饶立华等，1981），同时使水稻叶片增厚，维管束加粗，植株健壮（饶立华等，1986），促进生长发育，提高其产量和品质（黄秋蝉等，2008；杨利等，2009），还能减少铝（Rahman *et al*，1988）、镉（Nwugo *et al*，2008；Shi *et al*，2005；张佳等，2009）、铅（王世华等，2007）等金属在水稻植株中的积累。

3.1　硅对高锰胁迫下水稻植株生长的影响

试验材料：供试品种水稻新香优 640（锰敏感型）和株两优 99（耐锰型），品种根据重金属耐性指数 TI＝根长（处理）/根长（对照）（Monni *et al*，2001）筛选获得。

试验处理：Mn 的浓度分别为 6.7 μmol/L（Kimura B 营养液中的浓度）和 2 mmol/L（高锰，$MnSO_4 \cdot H_2O$），Si 的浓度分别为 0 mmol/L 和 1.5 mmol/L（硅酸钠 $NaSiO_3 \cdot 9H_2O$），采用二因素随机区组设计，共 4 个处理，3 次重复。试验处理 Mn 浓度设计的依据是根据前期剂量筛选试验的结果。在预备试验中，不同 Mn 处理的浓度为：对照，0.04 mmol/L，0.08 mmol/L，0.16 mmol/L，0.8 mmol/L，2 mmol/L，4 mmol/L。实验结果表明：2 mmol/L Mn 显著抑制敏感品种的根长，抑制率达 50%以上。

植物培养：将水稻种子用0.5%次氯酸钠溶液消毒15 min后，浸种12 h，在28℃下催芽72 h，然后在人工气候室用育苗盘培养。当长到一叶一心时，移到具有带孔盖板的塑料桶(直径19 cm，高18 cm)中培养。第一周使用0.5倍浓度的Kimura B(Liang *et al*，2006a)营养液，一周后再用完全Kimura B营养液，调pH值至5.6。每4 d换一次营养液。水稻的培养在中国农业科学院资源区划所人工生长室内进行。每天光照时间12 h，白天室温27℃，夜晚室温23℃。五叶一心时，进行处理。处理一周后进行各项指标的测定。

从图3.1可以看出，与对照相比，高锰胁迫下，敏感品种XXY比耐性品种ZLY毒害症状严重，叶片卷曲，出现暗褐色斑点。但是加硅后，两水稻品种叶片毒害症状得到了缓解，叶片中毒症状有所消失。

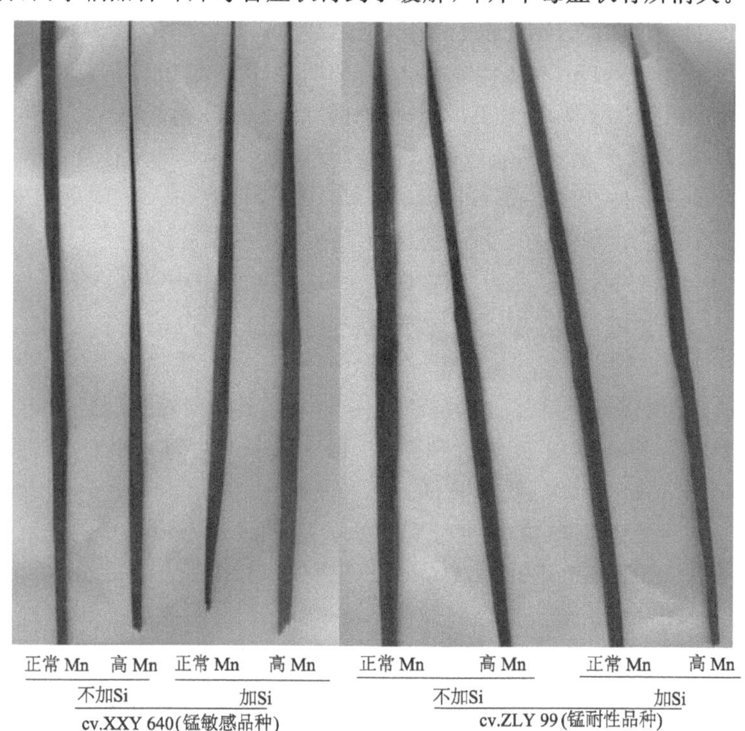

图3.1 不同锰水平下加硅和不加硅处理对两水稻品种叶片生长的影响(Li *et al*，2012)(对应彩图见136页彩图3.1)

3.2　硅对高锰胁迫下水稻干物质累积的影响

处理一周后采收，根先用 0.5 mM $CaCl_2$浸泡 30 min，接着用去离子水冲洗干净，然后分开根与地上部组织，放在 105℃的烘箱内杀青 30 min，在 70℃条件下烘干至恒重，接着称重，记录地上部和地下部干重。称重后的根和地上部分干样剪碎供测定。

如表 3.1 所示，高锰胁迫下敏感品种的根干重和地上部的干重都显著受到抑制，根干重减少 20.8%，地上部干重减少 17.4%。加硅之后敏感品种根干重增加 29.8%，地上部干重增加 40.1%，而耐性品种根干重增加了 96.7%，地上部干重增加了 21.1%。

表 3.1　不同锰水平下加硅和不加硅处理对两水稻品种地上部和地下部干物质累积量的影响(Li *et al*,2012)

品种	锰处理	硅处理	地上部干重 DW (g/株)	地下部干重 DW (g/株)
敏感品种 XXY	正常锰浓度	－	0.172±0.005	0.072±0.006
		＋	0.192±0.002	0.106±0.008
	高锰浓度	－	0.142±0.002	0.057±0.002
		＋	0.199±0.003	0.074±0.001
耐性品种 ZLY	正常锰浓度	－	0.162±0.008	0.040±0.007
		＋	0.284±0.010	0.094±0.006
	高锰浓度	－	0.213±0.009	0.061±0.008
		＋	0.258±0.017	0.120±0.006

方差分析		地上部			地下部	
	df	P	$LSD_{0.05}$	df	P	$LSD_{0.05}$
品种	1	<0.001	0.012	1		0.009
Mn	1		0.012	1		0.009
Si	1	<0.001	0.012	1	<0.001	0.009
品种×Mn	1		0.018	1	<0.001	0.012
品种×Si	1	<0.05	0.018	1	<0.05	0.012
Mn×Si	1		0.018	1		0.012
品种×Mn×Si	1	<0.001	0.025	1		0.018

3.3 不同处理下水稻体内 Si 的含量变化

参照戴伟民等(2005),将 100 mg 样品放入 100 mL 耐高压塑料管中,加入 3 mL 50%的 NaOH 溶液,松松盖上盖子,振荡器上摇匀,于高压灭菌锅中 121 ℃下灭菌 20 min 后,用漏斗转移至 50 mL 容量瓶中,蒸馏水定容,颠倒摇匀 10 次。吸取 1 mL 样品至 50 mL 容量瓶中,加入 30 mL 20 %的冰醋酸,接着加入 10 mL 钼酸铵溶液(54 g/L,pH 7.0),摇匀 5 min 后,快速加入 5 mL 20 %的酒石酸,接着快速加入 1 mL 还原试剂,最后用 20 %的冰醋酸定容至 50 mL。30 min 以后,于 650 nm 处比色,读取 OD 值。二氧化硅标准溶液根据同样程序做标线,然后根据标线计算样品硅含量。

如表 3.2 所示,两个品种体内的 Si 含量随着 Si 的施入都显著增加。在不同锰水平下两个品种叶片中的 Si 含量,加硅处理至少比不加硅处理大 9 倍以上。高锰胁迫下,两个品种叶片中 Si 的含量显著降低,而根系中却显著增加。无论施硅还是不施硅处理,耐性品种体内的 Si 含量都显著高于敏感品种体内的含量。

表 3.2　不同处理对水稻植株地上部和地下部 Si 含量的影响

品种	锰处理	硅处理	地上部干重 DW (mg/g)	地下部干重 DW (mg/g)
敏感品种 XXY	正常锰浓度	−	4.312±0.247	6.237±0.397
		+	64.930±1.894	10.381±0.465
	高锰浓度	−	6.166±0.820	7.633±0.050
		+	59.961±1.205	11.791±0.388
耐性品种 ZLY	正常锰浓度	−	5.504±0.831	10.755±0.500
		+	87.416±2.137	17.869±0.730
	高锰浓度	−	5.584±0.197	13.296±0.298
		+	80.787±1.663	18.370±0.140

续表

		地上部			地下部		
		df	*P*	$LSD_{0.05}$	*df*	*P*	$LSD_{0.05}$
方差分析	品种	1	<0.001	1.919	1	<0.001	0.615
	Mn	1	<0.05	1.919	1	<0.001	0.615
	Si	1	<0.001	1.919	1	<0.001	0.615
	品种×Mn	1		2.715	1		0.869
	品种×Si	1	<0.001	2.715	1	<0.05	0.869
	Mn×Si	1	<0.05	2.715	1		0.869
	品种×Mn×Si	1		3.839	1		1.229

3.4　不同处理下水稻体内 Mn 的含量变化

植物样消解采用 $HNO_3-HCL-HCLO_4$ 法。称取植物烘干样粉末 0.10 g，加 $HCL-HNO_3$ 混合液 10 mL，冷消化一段时间(过夜)后，电炉加热消化至近干，重复 3 次后，加 2 mL $HCLO_4$ 至冒白烟至近干。用 1%HCI 定容至 25 mL，原子吸收分光光度计(AAS)测定。

两个品种叶片和根系中锰的浓度都随着 Mn 的施入而增加(表 3.3)。在正常锰水平下，加硅处理不影响锰的含量。但在高锰胁迫下，对于敏感品种来说，硅的施入降低了叶片中 Mn 的浓度，显著增加了根系中的 Mn 的浓度，增加了 83.9%；对于耐性品种来说，施硅处理显著降低了叶片和根系中的 Mn 浓度，叶中降低了 63.7%，根中降低了 58.1%。高锰胁迫下，敏感品种施硅处理根中的 Mn 含量/叶中的 Mn 含量比率为 0.88，而仅 Mn 处理比率为 0.46；耐性品种施硅处理根中的 Mn 含量/叶中的 Mn 含量比率为 0.71，而单施 Mn 处理下二者的比率为 0.61(Li *et al*，2012)。

表 3.3 不同处理对水稻植株地上部和地下部 Mn 含量的影响(Li *et al*, 2012)

品种	锰处理	硅处理	地上部含量 (mg/g DW)	地下部含量 (mg/g DW)
敏感品种 XXY	正常锰浓度	−	415.80±44.70	135.93±5.26
		+	490.51±54.25	187.35±12.86
	高锰浓度	−	4515.82±175.58	2069.20±39.76
		+	4340.81±62.06	3804.40±137.82
耐性品种 ZLY	正常锰浓度	−	335.11±4.70	193.64±12.96
		+	445.79±60.17	291.83±61.98
	高锰浓度	−	5754.97±82.31	3532.94±345.31
		+	2088.34±185.40	1481.43±81.31

		地上部			地下部		
		df	*P*	$LSD_{0.05}$	*df*	*P*	$LSD_{0.05}$
方差分析	品种	1	<0.001	149.918	1		200.263
	Mn	1	<0.001	149.918	1	<0.001	200.263
	Si	1	<0.001	149.918	1		200.263
	品种×Mn	1	<0.05	212.017	1		283.215
	品种×Si	1	<0.001	212.017	1	<0.001	283.215
	Mn×Si	1	<0.001	212.017	1		283.215
	品种×Mn×Si	1	<0.001	299.837	1	<0.001	400.526

3.5 讨论

植物的不同品种和同一品种不同基因型对锰毒害的反应存在巨大差异，如菜豆（González *et al*，1998），豇豆（Horst *et al*，1999），油菜籽(Moroni *et al*，2003)和玉米(Doncheva *et al*，2009；Stoyanova *et al*，2008)。本研究表明，高锰胁迫显著抑制了敏感品种的干物质重(表 3.1)，根部受抑制程度大于地上部受抑制程度，在其他作物遭受铜毒和铝毒时也观察到同样的根受伤害较重现象(Doncheva *et al*，2005；Llugany *et al*，2003)，但是 Doncheva *et al*(2009)研究却与此相反，玉米在高锰胁迫下茎部受毒害较严重。因此各个品种之间对锰胁迫反应是不相同的。高锰处理时，耐性品种地上部和地下部的 Mn 含量明显高于敏感品种，但干物质重却不受影响。这表明耐性品种对体内的高浓度的 Mn 有一定的耐受能力。不同的锰水平下，耐性品种根部的 Mn 含量都远大于敏感品种，这也与其他重金属胁迫研究一致（Song *et al*，2009；Straczek *et al*，2008），耐性品种受金属胁迫时，根部会积累较高的金属浓度。

Williams *et al*（1957）、Vlamis *et al*（1967）研究表明，在禾本科作物上，加硅处理不会影响 Mn 的吸收。Horiguchi（1988）研究表明，水稻锰胁迫下加硅处理增加了根部的 Mn 浓度，降低了地上部的 Mn 浓度，从而改变了 Mn 的分布，减轻了锰胁迫对叶片的毒害。本研究也表明，敏感品种锰胁迫下施硅处理显著降低叶片中 Mn 浓度，增加了根部的 Mn 浓度（表 3.3）。这种现象表明硅增加敏感品种对锰毒的耐性不是通过限制 Mn 的吸收，而是限制 Mn 从地下部到地上部的转移而获得的。前人的研究表明，Si 可以使 Mn 在根部转变为无活性的形式（如绑在细胞壁上），从而限制了往地上部的转移（Iwasaki *et al*，2002；Wiese *et al*，2007）。然而，对于耐性品种来说，高锰胁迫下加硅处理，显著降低了地上部和地下部的 Mn 的浓度，这表明硅增加耐性品种对锰毒的抗性是通过限制 Mn 的吸收实现的（Li *et al*，2012）。

本研究表明无论施硅还是不施硅处理，水稻耐性品种地上部和地下部 Si 的含量都明显高于敏感品种，这也可能是 ZLY 比 XXY 耐锰的一个重要原因。锰的处理会降低叶片中的 Si 浓度，增加根中的 Si 浓度，从而抑制 Si 从地下部到地上部的转移。

第4章 硅对锰胁迫下水稻吸收矿质元素的影响

锰毒害是酸性土壤中限制作物生长的重要因子，给农业生产带来巨大的危害。在渍水条件下，土壤的氧化还原电位值迅速下降，可溶性锰明显增加导致水稻锰毒害。锰毒害严重影响了水稻的生长发育，高锰胁迫下，水稻敏感品种茎和根干重降低了17.4%、20.8%(Li *et al*, 2012)，产量显著下降(李玉影等, 2010)。高锰胁迫下，水稻植株体内抗氧化系统被破坏，根系和叶片受到伤害(李萍等,2011;Li *et al*, 2012)。Si对许多作物的生长是有益的，水稻是典型的喜Si作物，水稻中SiO_2含量占地上部分干重的10%～15%。施硅能促进水稻根系发育(李玉影等,2009)、降低根冠比(刘平等,1987)、改善水稻株型(冯元琦,2000)、增加抗倒性(周青等,2001)、增大最适叶面积、促进光合作用(柯玉诗等,1997)和增加产量(田福平等,2007;王远敏,2007)等。研究表明加硅处理可以增加植物对生物和非生物胁迫的抵御能力(Dragišić *et al*,2007; Liang *et al*, 2007; Ma *et al*, 2004; Neumann *et al*, 2001)，其中Si缓解镉毒(Karina *et al*, 2009; Song *et al*, 2009)、铝毒(Zsoldos *et al*, 2003)和锌毒(Kaya *et al*, 2009;Song *et al*, 2011;2014)效果显著。Si缓解锰毒害的相关性研究主要集中在Si降低Mn的吸收(Horiguchi, 1988)、抑制Mn从根到茎的转运(Li *et al*, 2012)、影响Mn的分布(Iwasaki *et al*, 1999;2002; Rogalla *et al*, 2002; Führs *et al*, 2009; 2012; Doncheva *et al*, 2009)、提高抗氧化系统活性(Shi *et al*, 2005b; Dragišić *et al*, 2007; Feng *et al*, 2009; Führs *et al*, 2009; 2012; Li *et al*, 2012)等方面。

植物体内重金属的存在形态多是以结合态的形式存在的，如细胞内的有机酸、氨基酸、谷胱甘肽这些小分子物质以及金属硫蛋白等大分子物质都可以通过与重金属反应形成沉淀或螯合物来降低植株体内自由态的重金属含量,从而减轻重金属对植物的毒害。重金属在植物体内的分布及形态常因植物种类和重金属类型的不同而存在差异。因此,了解植物体内重金属的分布和化学形态变化,对于阐明植物对重金属的富集和解毒机理十分重要。同步辐射 X-射线荧光(SRXRF)具有高亮度、高灵敏度、对样品破坏小以及可以同时快速检测多种元素等优点(Shi *et al*, 2004),因此,SRXRF 通常被应用于植物组织中的元素定位分析,特别是一些含量低的元素。目前 SRXRF 通常用作定性分析,但其荧光计数(counts)可以代表元素的相对含量,因此同一元素不同处理间具有可比性。X-射线吸收精细结构(XAFS)可以直接得到植物体内微量元素的氧化态、近边原子和配位数等化学信息,而不需要对样品进行复杂的提取和分离等前处理,可以直接对复杂的植物活体样品进行无损分析(Pierzynski, 1998),因此,在研究植物体内元素的化学形态及其分布方面具有独特的优势,已逐渐成为环境和生物领域中进行形态分析的重要手段(Parsons *et al*, 2002)。同步辐射技术为研究植物对金属元素吸收、转运以及重金属离子解毒等提供了更加灵敏和精准的分析方法,但普遍用于土壤元素形态和价态研究,如铜、锌、锰。植物上研究集中在砷超级累植物(陈同斌等,2004;黄泽春等,2003)和锰超级累植物(徐向华等,2008)以及植物对重金属污染响应研究中(曹清晨等,2009;娄玉霞等,2011)。

前期研究表明,锰胁迫下,水稻生长受到抑制,水稻植株体内抗氧化系统受到破坏,施硅之后这些锰毒害症状会得到缓解(李萍等,2011;Li *et al*, 2012)。但硅对锰胁迫下水稻体内营养元素含量的影响还不清楚,因此,本章采用 SRXRF 和 XAFS 研究水稻叶中元素的分布特征和 Mn 的价态变化,以揭示 Mn 胁迫下硅影响元素在水稻组织水平上分布和形态的机制,为减轻锰毒提供理论依据。

4.1　测定方法

(1)植物培养

试验材料:供试品种水稻新香优 640(锰敏感型 XXY)和株两优

99(耐锰型 ZLY),品种根据重金属耐性指数 TI=根长(处理)/根长(对照)(Monni *et al*, 2001)筛选获得。

试验处理:Mn 的浓度分别为 6.7 μmol/L(Kimura B 营养液中的浓度)和 2 mmol/L(高锰,$MnSO_4 \cdot H_2O$),Si 的浓度分别为 0 mmol/L 和 1.5 mmol/L(硅酸钠 $NaSiO_3 \cdot 9H_2O$),采用二因素随机区组设计,共 4 个处理,3 次重复。试验处理 Mn 浓度设计依据李萍等(2011)。

植物培养:将水稻种子用 0.5%次氯酸钠溶液消毒 15 min 后,浸种 12 h,在 28℃下催芽 72 h,然后在人工气候室用育苗盘培养。当水稻长到一叶一心时,移到具有带孔盖板的塑料桶(直径 19 cm,高 18 cm)中培养。第一周使用 0.5 倍浓度的 Kimura B(Liang *et al*, 2006a)营养液,一周后再用完全 Kimura B 营养液,调 pH 值至 5.6。每 4 d 换一次营养液。水稻的培养在中国农业科学院资源区划所人工生长室内进行,白天室温 27℃,夜晚室温 23℃,每天光照时间 12 h。五叶一心时,进行处理。处理一周后进行元素含量的测定。

(2)元素含量测定

叶片的扫描在中国科学院高能物理研究所正负电子对撞机的 4W1A 同步辐射 X 射线荧光分析实验站上进行。测定时贮存环的电子能量为 2.2 GeV,束流强度为 78～120 mA。处理三天后选取完全展开的第二片水稻叶片和根系,用去离子水淋洗,表面干燥后将样品用 3M 胶带固定在微机程控三维样品移动平台上进行 XRF 扫描,移动平台步进精度为 5 μm/步。调节水平和垂直两个狭缝,将入射白光的光斑限为 50 μm×50 μm,样品与入射光束成 45°,样品与探测器的距离为 6.5 cm。通过光学显微镜准确定位扫描点的位置,测量的荧光信号输入多道能谱仪,得到同步辐射 X 射线微束激发植物样品的能谱图。采用 PyMca4.41 软件对获得的 XRF 数据进行解谱,得到样品 XRF 谱线中各元素特征峰的峰面积,采用能谱的 As 峰对各元素的特征峰面积进行归一,得到各元素的相对含量。多元素的方差分析采用 SAS 8.0 软件进行,作图软件使用 Origin 8.0 软件进行。

(3)X 射线吸收光谱(XAS)的测定

样品中 Mn 的 K-边吸收峰在中国科学院高能物理研究所正负电子对撞机的 4W1A 光束线扩展 X 射线吸收精细结构光谱(EXAFS)实验站上测量。储存环能量和最大电流强度分别为 2.2 GeV 和 140 mA。单色器 Si(111)平面双晶,通过偏转 Si(111)平面双晶的平行度使光强比最大光强低 30%来消除高次谐波对 X 射线吸收光谱信号的干扰。将样品置于 Lytle 型荧光电离室内,用荧光法探测 Mn 的 K-边吸收谱信号(Mn 的 K-边为 6539eV),荧光电离室探测器充 Ar,采用 Cr 滤波片。荧光法测定 Mn 的参比物质氯化锰、柠檬酸锰、草酸锰和组氨酸锰,而其他参比物质二氧化锰、硫酸锰和乙酸锰粉末用透射法进行测定。用 IFEFFIT 软件对 XANES 谱进行最小二乘法拟合。

(4)数据分析

实验数据在 Excel 下建立数据库,用 Sigmaplot 作图,并用 Sigmastat 统计软件进行方差分析和差异显著性分析。

4.2 结果

4.2.1 锰与其他元素在水稻叶片组织水平的分布特征

利用 SRXRF 同时检测到水稻叶片和根系中 Cl、Ar、K、Ca、Mn、Fe、Cu、Zn 等元素的特征峰(图 4.1)。

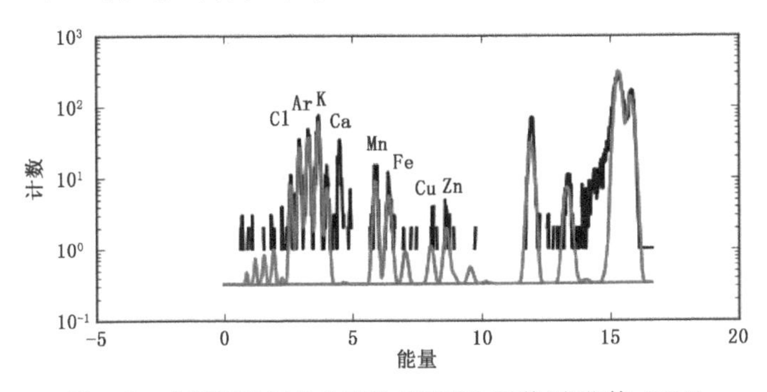

图 4.1　水稻组织切片典型的 SRXRF 图谱(李萍等,2015)

同一组织中相同的元素在不同处理下含量是不相同的(图4.2),但各个元素之间存在一定的相关性。

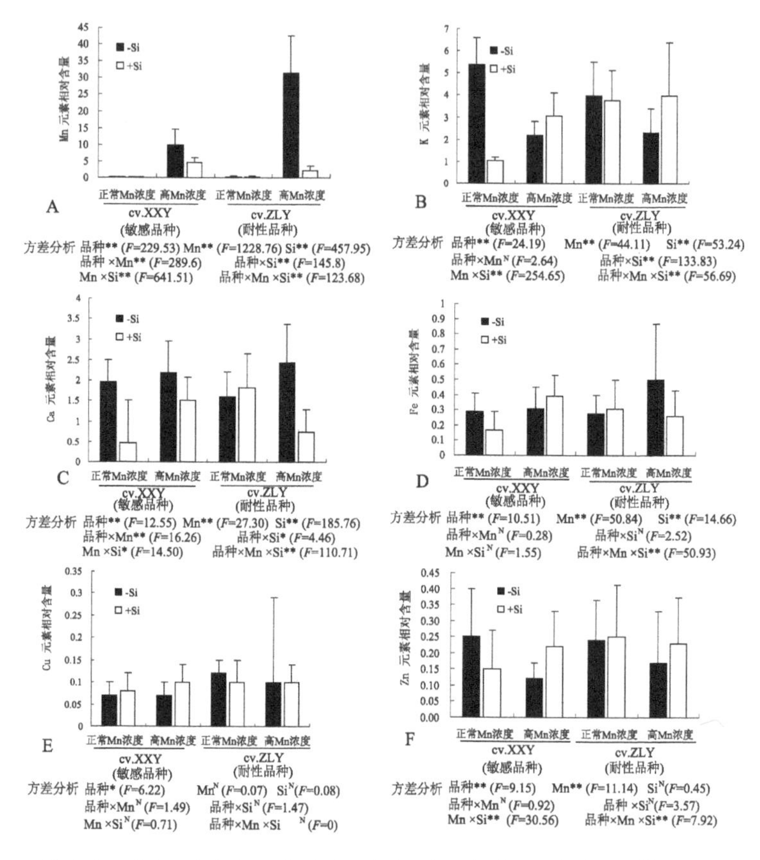

图 4.2 SRXRF 测定水稻叶片组织各元素的相对含量(李萍等,2015)

在叶中,与对照相比,锰处理下耐性品种和敏感品种 Mn 的含量都显著增高,但耐性品种增加较多,敏感品种增加 36 倍,耐性品种增加 88 倍。Mn 胁迫下,施硅处理显著降低两个品种的 Mn 含量(图 4.2A)。

与对照相比,仅施硅处理会降低敏感品种叶片中的 K、Ca、Fe 和 Zn 的元素含量,耐性品种影响不大(图 4.2B,C,D 和 F)。

与对照相比，锰胁迫处理显著降低了两个品种叶片中的 K 和 Zn 元素含量(图 4.2B 和 F)，敏感品种 K 含量降低了 59.4%，Zn 含量降低了 52%，耐性品种 K 含量降低了 41.6%，Zn 元素含量降低了 29.2%。Mn 胁迫下，施硅后两个品种的 K 和 Zn 元素含量又显著增加。

与对照相比，锰胁迫下，敏感品种叶片中的 Ca、Fe 和 Cu 元素含量不受影响，而耐性品种的 Ca 和 Fe 元素含量显著增高，Ca 含量增加 52.8%，Fe 含量增加了 78.6%，Cu 元素含量稍有下降(图 4.2C，D 和 E)。Mn 胁迫下，加硅处理后与单 Mn 处理相比，敏感品种的 Fe 和 Cu 元素含量显著提高(图 4.2D 和 E)。

4.2.2 锰与其他元素在水稻根系组织水平的分布特征

与对照相比，Mn 处理下耐性品种和敏感品种根尖 Mn 的含量显著增高，但耐性品种增加较多，敏感品种 Mn 含量增加了 78.3%，耐性品种却增加了 16 倍。Mn 胁迫下，施 Si 后两个品种的 Mn 含量都显著降低(图 4.3A)。与对照相比，Mn 胁迫下，敏感品种根尖 K 元素含量显著增高，而耐性品种却显著降低，敏感品种增加了 258%，耐性品种降低了 56.7%。Mn 胁迫下，施 Si 后，两个品种的 K 元素变化正好相反，敏感品种显著降低，耐性品种显著升高(图 4.3B)。与对照相比，Mn 胁迫下，敏感品种根尖的 Ca 元素含量显著降低，而耐性品种却显著增加，敏感品种降低了 65.6%，耐性品种增加了 73%(图 4.3C)。

与对照相比，Mn 胁迫下，敏感品种根尖的 Fe、Cu 和 Zn 元素含量不受影响，而耐性品种这三种元素含量却显著增加(图 4.3D，E 和 F)。无论是在正常 Mn 浓度下还是高 Mn 浓度下，施 Si 处理对敏感品种 Fe 元素含量有抑制作用；高 Mn 浓度下，施硅后，耐性品种 Fe 元素含量显著降低。高 Mn 胁迫下，与正常 Mn 处理相比，施硅后基本不影响敏感品种的 Cu 和 Zn 元素含量，而耐性品种的 Cu 和 Zn 元素含量显著降低。

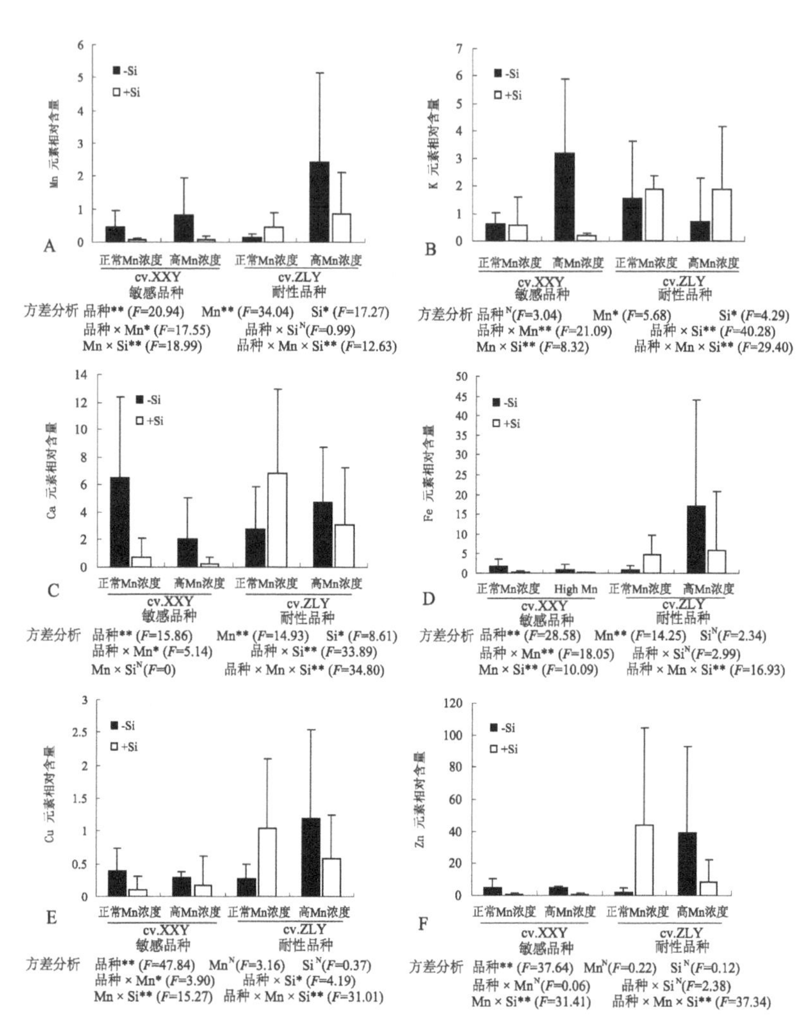

图 4.3　SRXRF 测定水稻根尖组织各元素的相对含量

4.2.3　锰在水稻叶片的化学形态

XANES 给我们提供了吸收原子的氧化状态，通过 Mn 的 K-边吸收峰的能量位置表征，Mn 的价态越低其 K-边吸收峰出现的能量就越低。各种参比物质中 Mn 的 K-边吸收峰所出现的能量位置均在 6539 eV 处左右，从图 4.4 可以看到，两个样品的 K-边吸收峰也出现在同样的位置，表明两个水稻品种吸收 Mn 后，Mn 价态的并未发生改变，均以二价 Mn 的形式存在，且主要是硫酸锰。施硅后，水稻体内的锰形态不发生改变。

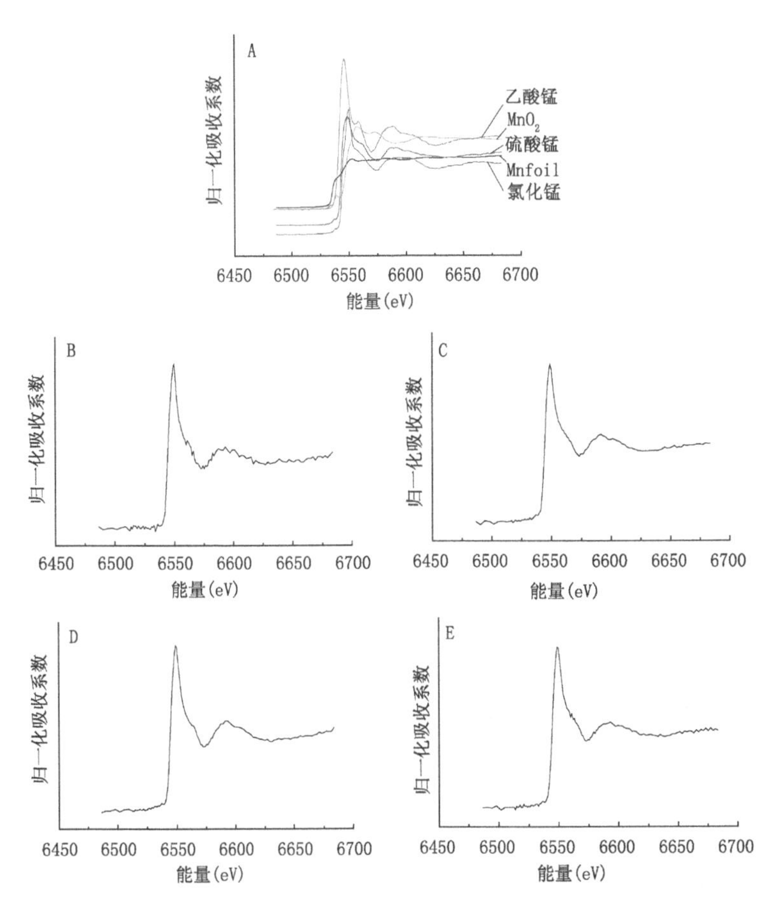

图 4.4　参比物质(A)、敏感品种(B 和 C)和耐性品种(D 和 E)水稻叶片中 Mn 的 K 边 EXAFS 谱(李萍等，2015)

4.3 讨论

前期研究表明,锰胁迫下,敏感品种受到显著伤害,叶片卷曲,出现暗褐色斑点(Li *et al*, 2012),根系受到伤害(李萍等,2011),根系(李萍等,2011)和叶片(Li *et al*, 2012)的抗氧化系统平衡受到破坏。而耐性品种毒害症状不明显。本研究继续对锰胁迫水稻下营养元素含量变化进行研究。锰胁迫下,耐性品种根系和叶片中的锰的含量都显著高于敏感品种,施硅之后都显著降低。锰胁迫对两个水稻品种根系中元素的含量的影响是截然相反的,高锰胁迫下,敏感品种除 K 含量显著增加,其他元素 Ca、Cu、Fe 和 Zn 含量都下降。而耐性品种除 K 含量显著下降,其他元素 Ca、Cu、Fe 和 Zn 含量都显著增加。高锰条件下诱导的敏感品种元素缺乏导致营养不平衡是锰毒发生的机理之一。高锰胁迫会诱导钙、镁、铁等元素缺乏,从而导致大麦体内的营养不平衡致使锰毒害发生(Alam *et al*, 2002)。Alam *et al* (2003)的研究表明,水稻幼苗中 K 含量的提高有利于锰毒害的降低。本研究中高锰胁迫抑制了敏感品种 K 元素从根部向叶片的转移,而降低了耐性品种的根部吸收 K 元素的能力,这有可能因为高 Mn 胁迫下,K^+ 通道被破坏,从而降低 K 元素的吸收和转移。Le Bot *et al* (1990a)研究表明,高锰胁迫显著降低西红柿叶片中钙的浓度。本研究中高 Mn 毒害下,敏感品种根系的 Ca 元素含量也显著降低,这表明敏感品种 Mn 与 Ca 竞争转运载体,Mn 和 Ca 之间表现拮抗关系。研究表明,过量的锰降低了大麦对铁的吸收(Beauehamp *et al*, 1972)。但 Akio *et al* (2006)研究表明,过量的锰不会影响茶叶对 Fe 的吸收,但会引起 Fe 功能的失调,使有生理活性的 Fe^{2+} 转变成钝化的 Fe^{3+},从而使铁积累在生物体内产生毒害。本研究中高 Mn 毒害下,敏感品种的叶片和根系的 Fe 元素含量不受影响,这表明敏感品种锰毒害下有可能 Fe 功能失调,钝化成 Fe^{3+}。Korshunova *et al* (1999)研究表明,Zn 转运蛋白 IRT1 通过运输锰来增强对锰毒的耐性。Lopez-Millan *et al* (2004)研究也表明,豆类植物的 MtZIP 上调表达也能增加锰的运输,这表明 Mn 和

Zn可能利用相同的运输载体进行吸收和运输，因此，二者之间为拮抗关系，这也可以解释敏感品种锰胁迫下叶片中的Zn含量显著降低是由于大量的Mn和Zn竞争运输载体，导致输送到叶片的Zn显著减少。但锰胁迫下，耐锰性水稻，还有锰超积累植物商陆的Fe、Zn的含量显著增加(段海风等，2012)。耐性品种锰胁迫下Ca元素含量显著增加，类似的报道锰超级累植物商陆锰胁迫下茎中Ca元素相对含量也显著增加(段海风等，2012)。如此看来，锰与其他离子之间的相互关系比较复杂，受品种因素影响，要了解其真正的机制还需要进行深入研究。

硅对水稻品种根系中元素的含量的影响也是截然相反的，正常锰浓度下，施Si后，敏感品种除K元素外各元素含量显著下降，而耐性品种各元素含量却显著增加。李晓艳等(2013)也报道了喜硅作物水稻在高硅处理下元素含量下降的现象。高锰胁迫下，施硅后，锰－硅离子的交互作用使敏感品种和耐性品种(除K元素外)各元素含量都显著降低。过量的锰影响植物对其他营养元素的吸收和利用，但施硅之后，这种毒害被缓解，这可能因为硅使水稻根系氧化力提高，水稻根际的Mn^{2+}易被根系氧化成不溶形态并沉积在根系表面，减少了水稻对锰的吸收(Islam *et al*，1969)，从而降低了对K^{+}通道的破坏。锰胁迫下施硅后，敏感品种根系中的Ca含量显著下降，可能是因为硅易与钙结合沉积在根系外部，阻碍游离钙进入根系内部(Marschner，2001)。硅降低敏感品种根系Cu含量，可能因为硅酸根与Cu形成硅酸化合物沉淀或因硅肥增加了水稻根际氧化能力，氧化Cu降低其溶解度等综合原因导致有效态Cu含量降低(卢志红等，2013)。Si可能使Zn绑定在细胞壁上从而降低敏感品种根系中Zn的含量，类似的研究见Neumann *et al* (1997)。硅能逆转锰胁迫对耐性品种中根系中营养元素含量的不利影响，锰胁迫下K含量显著下降，其他元素Ca、Cu、Fe和Zn含量都显著增加，施硅后K含量显著增加，其他元素Ca、Cu、Fe和Zn含量都显著下降，叶片中的变化趋势也是如此。因此，Si对耐性品种中各元素含量保持相对平衡具有重要作用。

水稻叶片中的锰主要以硫酸锰的形式存在，这可能因为营养液中是以硫酸锰的形式施入过量锰的，所以水稻体内的锰形式大部分是硫酸锰，施硅后锰等形态不发生改变。

由于用光机时有限、光的能量以及样品制备方法等限制，对茎中各元素含量没有进行测定，该工作仅处于初步阶段，有待于进一步研究(李萍等，2015)。

4.4 结论

过量 Mn 胁迫下，水稻体内营养元素平衡会被破坏，尤其是对敏感品种破坏较大。高 Mn 胁迫下，加 Si 后，两个品种的根系和叶片中 Mn 的含量都显著降低，并使锰胁迫下各元素含量保持相对平衡，从而减轻锰毒害。水稻体内的锰形式大部分是硫酸锰，施硅后锰的形态不发生改变。

第 5 章　硅对过量锰胁迫下水稻膜脂质过氧化作用和抗氧化系统的调控机理

Mn 是植物生长发育必需的微量元素(Mukaopadhyay *et al*，1991)，Mn 是植物体内一个重要的氧化还原剂，可参与植物体内许多氧化还原体系的活动。在叶绿体中 Mn^{2+} 可被氧化成 Mn^{3+}，导致植物细胞内的氧化还原电位提高，使部分细胞成分被氧化，丧失其功能。研究表明高锰胁迫可引起菜豆(Gonzálezde *et al*，1997)、大麦(Demirevska-Kepova *et al*，2004)、豇豆(Fecht-Christoffers *et al*，2003a;2013b)和黄瓜(Dragišić Maksimovic *et al*，2007；Shi *et al*，2005b)等植物氧化胁迫的产生，使植物生长受到抑制。目前，一些研究表明，Si 增加多种植物如豆科植物(Horst *et al*，1978；Horst *et al*，1999)、大麦(Horiguchi *et al*，1987)、南瓜(Iwasaki *et al*，1999)、黄瓜(Feng *et al*，2009；Shi *et al*，2005a)、玉米(Doncheva *et al*，2009；Stoyanova *et al*，2008)等忍耐 Mn 毒的作用。

但 Si 与 Mn 相关性的研究主要集中在 Si 对 Mn 的吸收、转运和分布影响方面，涉及 Si 影响植物抗氧化系统方面研究较少，只是在双子叶植物黄瓜上有报道(Feng *et al*，2009；Shi *et al*，2005a)。但是，水稻是单子叶植物，Mn 毒害下，Si 对抗氧化系统影响的机制是不清楚的。因此，本章研究在 Mn 胁迫下 Si 对水稻膜脂质过氧化作用与抗氧化系统的影响，旨在从抗氧化系统代谢的角度探讨 Si 缓解水稻 Mn 毒害的机理，为减轻水稻 Mn 毒害提供重要的理论依据。

5.1　抗氧化系统指标测定

5.1.1　蛋白质含量的测定

参照 Bradford(1979)的方法。吸取酶液 0.1 mL，向其中加入考马斯亮蓝染色液 5.0 mL，摇匀，放置 2 min，分光光度计(U-2800，Hitachi Inc.，日本)上比色，记录 OD_{595} 值。同时，用同样的方法制作标准曲线。然后，根据标准曲线计算样品蛋白质含量(mg/g FW)。

5.1.2 丙二醛(MDA)含量和过氧化氢(H_2O_2)含量的测定

参照 Heath *et al* (1968)的方法，称取一定量鲜样置于冰浴中的研钵内，加入 5 mL 10%三氯乙酸(TCA)研磨，匀浆以 4000 × g 离心 10 min，上清液为样品提取液。吸取上清液 2 mL (对照加 2 mL 蒸馏水)，加入 2 mL 0.6% 硫代巴比妥酸(TBA)(用 10% TCA 配置)，混匀物于沸水浴上反应 15 min，迅速冷却后再离心。取上清液测定 532 nm、600 nm、450 nm 波长光密度。$MDA=6.45\times(D_{532}-D_{600})-0.56D_{450}$。

参照 Velikova *et al* (2000)方法，称取一定量的鲜样，加入 5 mL 0.1% (W/V) TCA 冰浴研磨，12000×g 离心 15 min，上清液供测试。取 0.5 mL 提取液，加入 0.5 mL 10 mM pH 7.0 磷酸钾缓冲液(PBS)，1.0 mL 碘化钾(KI)，摇匀。将溶液置于 390 nm 波长下比色测定。同样程序制作标准曲线。

5.1.3 组织化学分析

质膜完整性检验采用 Evans blue 染色的方法(Wang *et al*，2005)。取根尖(2 cm)浸于 Evans blue(0.025%)溶液中 30 分钟。取出后反复用蒸馏水冲洗，在蒸馏水中浸泡 15 分钟，然后在光学显微镜下观察拍照。脂质过氧化伤害采用 Schiff's reagent 染色法(Pompella *et al*，1987)。取根尖(2 cm)浸于 Schiff's reagent 溶液中 20 分钟。然后取出根尖用 0.5% (w/v) $K_2S_2O_5$ 漂洗(0.05 M HCl 配置)，再用去离子水反复冲洗，然后在光学显微镜下观察拍照(SZX12，奥林巴斯，日本)。

5.1.4 抗氧化系统酶活性的测定

酶的提取和测定：取 0.5 g 叶片，加入 5 mL 磷酸缓冲液[含 0.2

mM 乙二胺四乙酸(EDTA)，pH 7.8]冰浴中匀浆，15000 × g 4℃下离心 20 min，上清液用于各种酶活性测定。所有操作在 4℃下进行。除 SOD 以外，其他酶活性都在 25℃下测定。

SOD 参照氮蓝四唑(NBT)光化还原法(Giannopolitis *et al*，1977)。

CAT 参照 Aebi(1984)法反应混合液中含有 50 mmol/L，pH7.0 磷酸缓冲液 1.9 mL，10 mM H_2O_2 1.0 mL，酶液 0.1 mL，时间间隔为 10 秒。同时测定蛋白质含量。

抗坏血酸(AsA)含量的测定采用 Law *et al* (1983)的方法。

谷胱甘肽(GSH)含量的测定参照 Guri (1983) 的方法。

非蛋白巯基(NPT)含量的测定参照 Metwally *et al* (2003)的方法。

5.2　结果与分析

5.2.1　Si 对 Mn 胁迫下水稻根系质膜完整性和质脂过氧化的影响

Evans blue 染色主要是用来检测质膜完整性(Wang *et al*，2005)，Schiff's reagent 主要是用来检测膜脂质过氧化伤害的程度(Pompella *et al*，1987)。敏感型品种 XXY，在 Mn 处理下颜色最深，这表明质膜完整性破坏程度较大，膜脂质过氧化伤害程度大。但是在加 Si 处理后，根尖的颜色显著变淡(图 5.1)，这表明硅降低了锰胁迫对水稻的破坏程度。而耐性品种锰胁迫下，根系颜色稍有加深，受害较轻。

5.2.2　Si 对 Mn 胁迫下水稻 MDA 和 H_2O_2 含量的影响

由图 5.2A 可以看出，Mn 胁迫下，两个品种根系的 H_2O_2 含量都显著高于对照，敏感品种 XXY 增加 29.16%，耐性品种 ZLY 增加 66.60%；叶片中 H_2O_2 含量敏感品种增加 33.9%，耐性品种增加 27.9%(图 5.3A)。虽然锰胁迫下耐性品种的 H_2O_2 含量显著高于敏感品种，但其对照的含量也显著高于敏感品种，这表明耐性品种

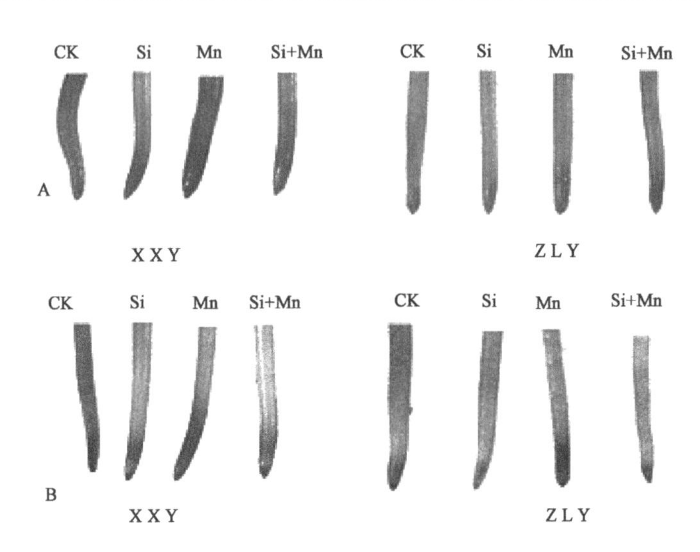

图 5.1　Si 对 Mn 胁迫下两个水稻品种根系质膜完整性(A)和膜脂质过氧化(B)的影响(李萍等,2011)

(对应彩图见 137 页彩图 5.1)

体内较高的 H_2O_2 含量不会伤害植株。Mn 毒害下,施 Si 后两个品种根系和叶片的 H_2O_2 含量显著降低,与对照组无显著差异。

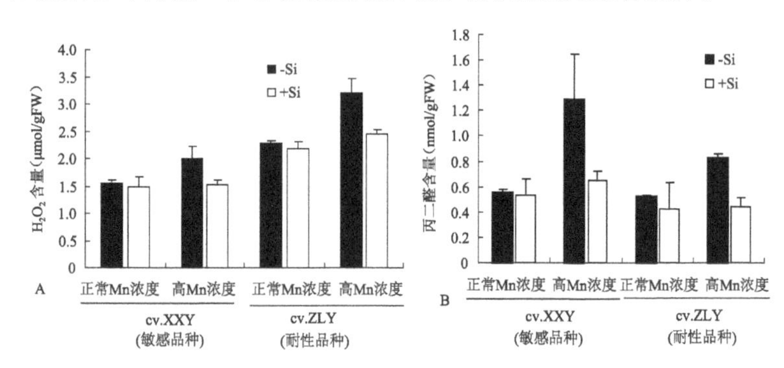

图 5.2　Si 对 Mn 胁迫下两个水稻品种根系 H_2O_2(A)和丙二醛(B)含量的影响(李萍等,2011)

注:数据采用三因素方差分析,n=3,下同。

由图5.3B可以看出，Mn胁迫下，两个品种根系的丙二醛含量都显著高于对照，敏感品种XXY增加131.30%，耐性品种ZLY增加56.87%。敏感品种叶片的MDA含量增加112%，而耐性品种仅增加7.8%（图5.3B）。Mn胁迫下，施Si后两个品种根系和叶片的MDA含量都显著降低，与对照组无显著差异。

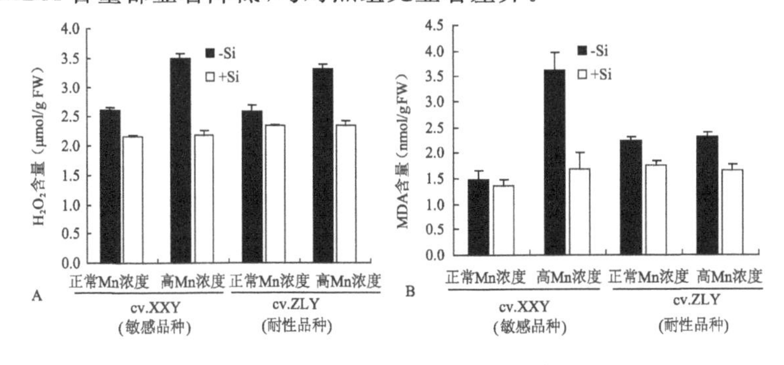

图5.3 Si对Mn胁迫下两个水稻品种叶片H_2O_2(A)和丙二醛(B)含量的影响(Li *et al*,2012)

5.2.3 Si对Mn胁迫下水稻SOD、APX和CAT活性的影响

图5.4A表明，与对照相比，施Si处理后，两个品种根系的SOD活性都显著增加。施硅处理在正常锰浓度时不影响敏感品种叶片的SOD活性。而Mn毒害条件下，与对照组相比，二者的反应却相反，敏感品种XXY根系的SOD活性显著增加，而耐性品种ZLY的却稍有降低。高锰胁迫显著增加两个品种叶片的SOD活性，与对照相比，敏感品种增加了5倍，耐性品种增加了1倍（图5.5A）。在Mn胁迫条件下，加Si使两个品种的根系的SOD活性显著增加。施硅处理无论在正常锰浓度还是高锰浓度下，与各自的对照相比都增加耐性品种的SOD活性。

图5.4B表明，施Si后，两个品种根系的APX活性相对于对照均显著增加，敏感品种XXY增加23.65%，耐性品种ZLY增加36.57%。Mn胁迫下，与对照相比，敏感品种XXY的APX活性显著降低，降低24.70%，而耐性品种ZLY的APX活性差异不显著。

Mn 毒害条件下，加 Si 使两个品种的 APX 活性显著增加，尤其是敏感品种 XXY，增加 82.82%。高锰胁迫显著增加了敏感品种叶片的 APX 活性，与对照相比增加了 2 倍(图 5.5B)。在正常锰浓度下，施硅处理都显著增加了敏感品种叶片的 APX 活性；但在高锰胁迫下与不施硅处理相比显著降低了其活性。耐性品种各个处理间叶片 APX 活性没有显著差异。

图 5.4C 表明，施 Si 后，敏感品种 XXY 根系的 CAT 活性相对于对照显著增加，增加 58.30%，而耐性品种 ZLY 的 CAT 活性没有变化。Mn 胁迫下，两个品种根系的 CAT 活性都显著降低，施 Si 后两个品种的 CAT 活性都显著增加。高锰胁迫显著增加了敏感品种叶片的 CAT 活性，与对照相比增加了 5 倍。锰胁迫下施硅处理与不施硅处理相比显著降低了 CAT 活性。高锰胁迫对耐性品种叶片的 CAT 活性无影响，施硅处理无论是在正常锰浓度还是高锰浓度下与各自的对照相比都增加了耐性品种的叶片 CAT 活性(图 5.5C)。

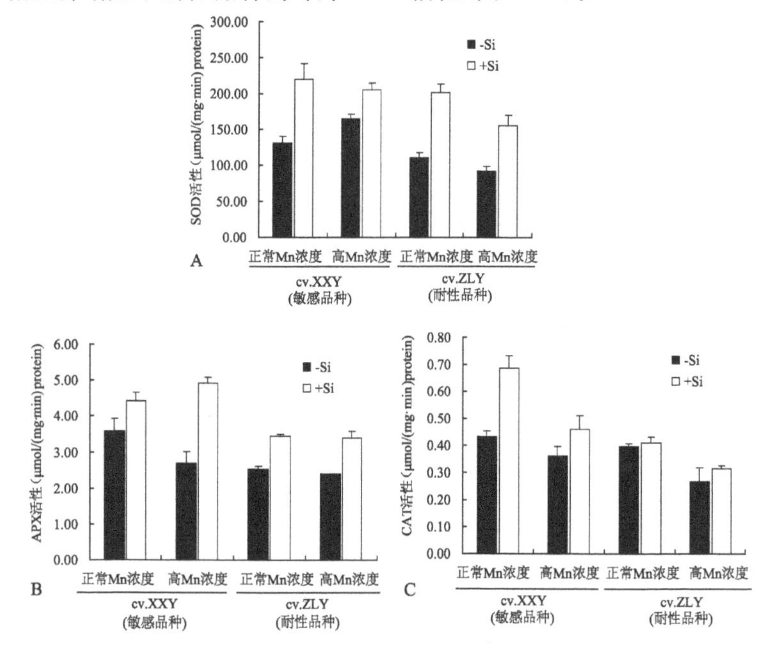

图 5.4　Si 对 Mn 胁迫下两个水稻品种根系 SOD (图 A)，APX (图 B)和 CAT(图 C)活性的影响(李萍等，2011)

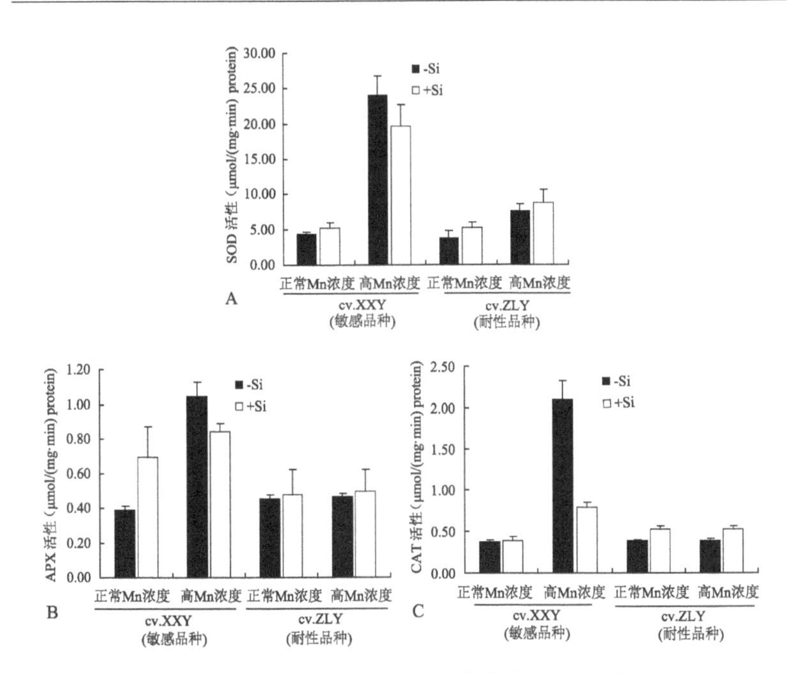

图 5.5 Si 对 Mn 胁迫下两个水稻品种叶片 SOD（图 A），APX(图 B)和 CAT(图 C)活性的影响(Li *et al*,2012)

5.2.4 Si 对 Mn 胁迫下水稻 AsA、GSH 和 NPT 含量的影响

图 5.6A 表明，无论是在施 Si 后，或是 Mn 胁迫下，与对照组相比，两个品种根系的 AsA 含量变化趋势都一样，都显著增加。高锰胁迫下，敏感品种叶片的 AsA 含量显著降低了 14.8%，而耐性品种却显著增加了 26.2%。高锰胁迫下施硅处理显著增加了敏感品种叶片的 AsA 含量，耐性品种的 AsA 含量不受影响(图 5.7A)。

图 5.6B 表明，施 Si 后，与对照相比，两个品种根系的 GSH 含量变化正好相反，敏感品种 XXY 的 GSH 含量显著增加，耐性品种 ZLY 的含量显著降低；而 Mn 胁迫下，二者的变化也相反，敏感品种显著降低，耐性品种显著升高。Mn 胁迫下，施 Si 后，两个品种的根系 GSH 含量与仅施 Si 的处理变化一致。高锰胁迫下，两个水稻品种叶片的 AsA 含量都有所增加，但敏感品种增加较多，与对照相比，

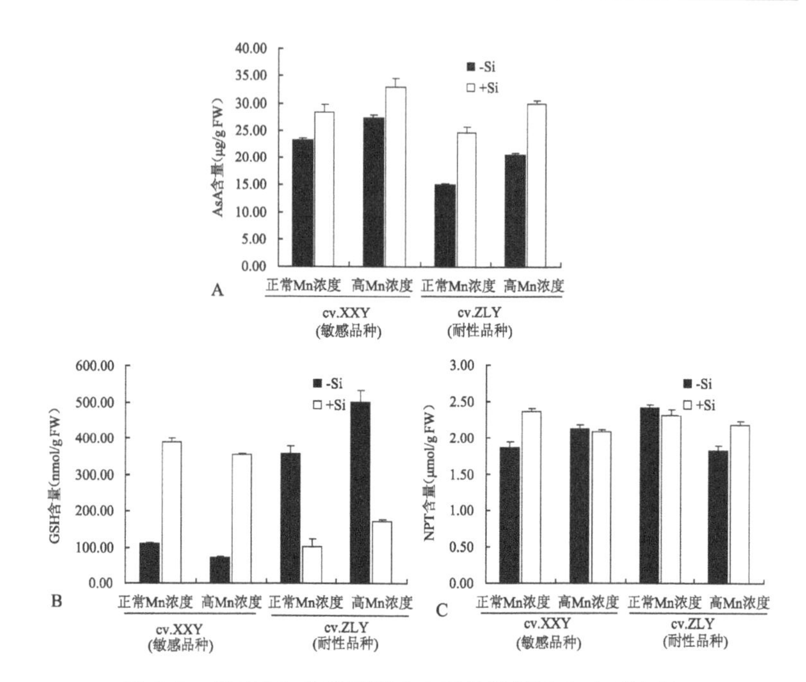

图 5.6　Si 对 Mn 胁迫下两个水稻品种根系 AsA (图 A)，GSH (图 B)和 NPT (图 C)含量的影响(李萍等,2011)

增加 99.7%，而耐性品种仅增加 18.3%。正常锰浓度下，施硅处理显著增加两个品种叶片的 GSH 含量(图 5.7B)。但是在高锰胁迫下，施硅处理降低了敏感品种叶片的 AsA 含量，相反增加了耐性品种的 AsA 含量。

图 5.6C 表明，施 Si 后，与对照相比，敏感品种 XXY 根系的 NPT 含量显著增加，增加 26.97%，而耐性品种的 NPT 含量没有显著变化。Mn 胁迫下，与对照相比，两个品种根系的 NPT 含量变化正好相反，敏感品种显著升高，耐性品种显著降低。Mn 胁迫下，施 Si 后，敏感品种 XXY 根系的 NPT 含量没有显著变化，而耐性品种 ZLY 的 NPT 含量显著升高。高锰胁迫下，敏感品种叶片的 NPT 含量显著降低了 35.9%，而耐性品种却略有增加。施硅处理无论是在正常锰浓度还是高锰浓度下都增加了两个品种叶片的 NPT 活性(图 5.7C)。

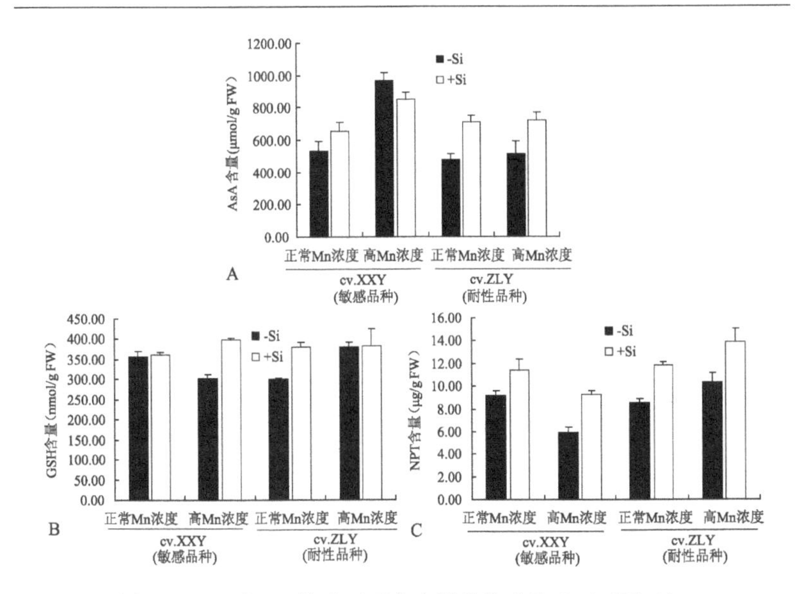

图 5.7 Si 对 Mn 胁迫下两个水稻品种叶片 AsA (图 A),GSH (图 B)和 NPT (图 C)含量的影响(Li *et al*,2012)

5.3 讨论

MDA 是膜脂过氧化作用的主要产物之一,其含量的高低反映了细胞膜脂质过氧化作用的强弱和质膜的破坏程度(李明等,2002)。本研究发现,高 Mn 胁迫导致活性氧大量产生,致使膜脂过氧化和膜脂脱脂反应,导致水稻叶片和根系受到伤害,同时根系质膜完整性遭到破坏,并且敏感品种受害较重。加 Si 后保持了质膜完整性,降低了脂质过氧化伤害,缓解了叶片和根系受到的伤害。Liang *et al* (2006b)也报道 Si 能加强盐胁迫下大麦叶片质膜和液泡膜稳定和功能完整性,因此目前 Si 能加强非生物胁迫下植物的抗氧化能力得到了充分的证实。

高锰胁迫诱导了植物体内产生大量的“活性氧”,包括超氧自由基(O^{2-})、羟自由基(· OH)、过氧化氢(H_2O_2)和单线态($^1O_2$)(Demirevska-Kepova *et al*, 2004),对植物细胞膜系统造成伤害。

而植物在长期的进化适应过程中形成了抗氧化系统以清除过量积累的自由基，从而减轻氧化伤害。SOD是活性氧清除系统中第一个发挥作用的抗氧化酶。本试验中，高Mn胁迫诱导了敏感品种XXY根系的SOD酶活性的显著增加，增强了其清除氧自由基的能力，这与双子叶黄瓜高Mn胁迫下SOD的变化一致(Shi *et al*，2005a；Feng *et al*，2009；Paul *et al*，2003)。而耐性品种ZLY在高Mn胁迫下SOD活性没有显著变化，这表明同一个品种不同基因型在Mn胁迫下的反应机制具有显著的差异。SOD催化O^{2-}反应生成H_2O_2，如果H_2O_2不能被及时清除，则会生成毒性更强的·OH自由基。CAT能使过氧化氢经歧化反应生成水和氧气，消除活性氧自由基的积累(Lin *et al*，2000)。本实验中，高Mn抑制了两个品种根系的CAT活性，而加Si后使高Mn胁迫下CAT的活性显著增加，增强了清除H_2O_2的能力。这与黄瓜Mn胁迫下CAT变化一致(Shi *et al*，2005a；Feng *et al*，2009)，但与大麦Mn胁迫下CAT变化的结果相反(Demirevska－Kepova *et al*，2004)，这表明在Mn胁迫下不同的物种其反应机制截然不同。

本研究表明，高锰胁迫下，敏感品种叶片的SOD和CAT的活性显著增加，这表明锰毒害下水稻体内氧自由基大量增加，相应的抗氧化酶活性也增加。黄瓜高锰胁迫下也出现SOD活性增加的现象，但CAT活性却显著减少(Shi *et al*，2005a)，这可能因为黄瓜是双子叶植物，而水稻是单子叶植物，二者对锰胁迫的反应机制不相同。施硅处理也显著增加了敏感品种叶片的SOD和CAT的活性，在降低氧化胁迫方面发挥重要作用。高锰胁迫显著增加了耐性品种叶片的SOD活性，但不影响CAT的活性，这表明SOD是耐性品种体内清除氧自由基的关键酶。施硅处理显著增加了耐性品种叶片SOD的活性，因此，增加了清除氧自由基的能力，减轻了锰毒害。

本实验中，在Mn胁迫下，敏感品种XXY根系和叶片的GSH活性都显著降低，因此，降低了清除活性氧的能力，使水稻受到伤害。但加Si之后，活性都显著升高，增强了其清除活性氧的能力。高Mn胁迫下，敏感品种XXY根系的APX活性降低，而叶片APX活性却升高，这可能是同一植物不同的部位对Mn胁迫的反应机制不一样所致。高 Mn 胁迫下，耐性品种 ZLY 根系和叶片的 GSH 活性都显著升高，而施硅后叶片中的 GSH 活性也显著升高，这表明耐性品种体内的抗坏血酸——谷胱甘肽循环是清除自由基的主要途径。

抗坏血酸(AsA)是一种普遍存在于植物组织的高丰度小分子抗氧化物质(Davey *et al*, 2000)。它既可以直接与 H_2O_2 和 ·OH 等活性氧反应，又是 APX 催化 H_2O_2 必需的底物(Pignocchi *et al*, 2003)，因此，在植物的抗氧化胁迫中具有重要的作用。本试验中，高 Mn 胁迫下，两个品种根系和叶片的 AsA 活性没受到破坏，反而升高，这表明水稻通过增加体内的 AsA－APX 循环来清除大量氧自由基。然而 Shi *et al*(2005a)报道表明，黄瓜在锰胁迫下，AsA 的含量下降，这种差异有可能是由于作物种类的不同所造成的。施硅处理也显著增加两个品种的 AsA 含量，这也意味着植物体内活性氧清除能力增强。

非蛋白巯基(NPT)也可能是植物消除重金属镉胁迫的主要成分之一。高锰胁迫下，两个品种的 NPT 的变化趋势正好相反，敏感品种 XXY 根系的 NPT 含量升高，叶片却下降；耐性品种 ZLY 根系的含量却降低，叶片的含量却显著增高。这表明两个品种在 Mn 胁迫下存在着基因型差异，而且同一品种不同部位之间也存在着差异。施硅后两个品种的 NPT 含量都显著增加。

第6章 硅对高锰胁迫下两个水稻品种的光合生理和超微结构的影响

水稻是我国第一大粮食作物,85%以上的稻米是作为口粮消费。锰毒是全世界酸性土壤和渍水土壤制约植物生长的一个重要因素,可能是继铝毒之后酸性土壤上植物生长第二个最重要的限制因素(Foy, 1984),加之工业"三废"的排放、城市生活产生的污水和垃圾的污染,已使农田土壤环境日益恶化,进而影响到我国的稻米质量安全。

Si对许多作物的正常生长都是有益的,尤其是表现在减轻作物生物胁迫(病害和虫害)和非生物胁迫(营养缺乏、金属毒害、干旱和盐胁迫)方面(Dragišić *et al*, 2007; Gao *et al*, 2006; Liang *et al*, 2005c; 2007; Ma *et al*, 2002; Romero-Aranda *et al*, 2006),其中硅缓解小麦铝毒(Zsoldos *et al*, 2003)、玉米(Cunha *et al*, 2008; Karina *et al*, 2009)和水稻镉毒(Nwugo *et al*, 2008;Shi *et al*, 2005c)、玉米锌毒(Cunha *et al*, 2008; Karina *et al*, 2009; Kaya *et al*, 2009)、拟南芥铜毒(Li *et al*, 2008)、黄瓜(Dragišić *et al*, 2007; Feng *et al*, 2009; Shi *et al*, 2005c)、玉米(Doncheva *et al*, 2009; Stoyanova *et al*, 2008)和豇豆锰毒(Iwasaki *et al*, 2002)效果显著。

但这些相关性的研究主要集中在Si对Mn的吸收、转运、分布影响方面,涉及Si影响植物光合作用方面研究较少,只是在玉米上有报道(Doncheva *et al*, 2009)。本研究采用两个对Mn耐性不同的水稻品种,研究硅对锰毒害下水稻叶片光合色素含量、叶绿体结构和光合作用的影响,探讨硅影响水稻锰毒害的生理机制。

6.1 测定内容

6.1.1 光合作用和叶绿素测定

叶绿素测定：根据李合生等(2000)方法，取0.2 g的新鲜叶片，加入10 ml 95%的乙醇，在研钵中磨碎，过滤，定容至25 mL，使用分光光度计(U2800, Hitachi, 日本)在470 nm,649 nm和665 nm波长下测定吸光度。

光合参数测定：在Mn处理一周后使用便携式光合气体分析系统(LI6400, Li-Cor Inc, Lincoln NE, USA)进行气体交换测定。选取倒数第一片完全展开的叶片测定净光合速率(P_n)、气孔导度(G_s)、蒸腾速率(T_r)。

6.1.2 超微结构试验

扫描电镜样品的制备：叶片选取水稻倒数第一片完全展开的叶片中部，剪成1 mm的碎片。根样取距根尖5 mm片段剪成小块。将样品于2.5%戊二醛溶液中固定48 h后用0.5% Na_2S(pH 7.2)漂洗3次，15 min/次，1%锇酸(OsO_4)固定3 h，0.1 M磷酸钠缓冲液(pH7.2)漂洗3次，15 min/次，30%、50%、70%、85%、95%乙醇梯度脱水，各一次，15 min/次 100%乙醇脱水三次，15 min/次。二氧化碳临界点干燥BAL-TEC CPD030，离子溅射仪JFC-1600喷金，JSM-6490L(日本电子公司)扫描电镜观察，照相。

透射电镜样品的制备：叶片选取水稻倒数第一片完全展开的叶片中部，剪成1 mm的碎片。根样取距根尖5 mm片段剪成小块。将样品于2.5%戊二醛溶液中固定48 h后，用0.5% Na_2S(pH 7.2)浸泡半小时，然后用0.1 M，pH 7.2的磷酸缓冲液洗3次，15 min/次，1%锇酸固定2 h，磷酸缓冲液洗3次，15 min/次，第三次漂洗后样品可放在缓冲液内置放在4 ℃冰箱过夜。30%、50%、70%、85%、95%乙醇梯度脱水，各一次，15 min/次，100%乙醇脱水三次，15min/次，依次向样品渗透1∶1比例的无水乙醇和LR White的混合液，30 min；纯 LR White 4℃ 4 h 或过夜；纯 LR White，30 min。样品放入胶囊内，用 LR White 包埋，60 ℃聚合 24 h。在 UC6 型（德国莱卡）超薄切片机上用钻石刀切片，厚度为 70 nm。醋酸铀和柠檬酸铅双重染色，在 H-7500（日本日立）电子显微镜下观察，照相。

6.2　结果与分析

6.2.1　Si 对 Mn 胁迫下两个水稻品种叶绿素和类胡萝卜素含量的影响

由表 6.1 可以看出，锰胁迫下，敏感品种 XXY 的叶绿素 a、叶绿素 b、叶绿素总量、类胡萝卜素都显著下降，施硅后，类胡萝卜素含量和叶绿素总量显著增加。与对照相比，施硅处理，对叶绿素 a、叶绿素 b 和类胡萝卜素影响不大，但叶绿素总量却有些降低。锰胁迫下，耐性品种仅类胡萝卜素含量下降，其他指标没影响。加硅后，类胡萝卜素含量显著升高。两个品种的叶绿素 a/b 在所有处理下都无差别。

6.2.2　Si 对 Mn 胁迫下两个水稻品种光合速率参数的影响

由表 6.2 可以看出，与对照相比，施硅处理显著增加了敏感品种 XXY 的净光合速率、蒸腾速率和气孔导度。与对照相比，施锰处理显著降低了敏感品种的净光合速率，蒸腾速率和气孔导度不受影响，施硅后净光合速率显著增加。锰胁迫下，耐性品种的净光合速率、蒸腾强度和气孔导度都显著下降，施硅后光合速率略有增加。

6.2.3　Si 对 Mn 胁迫下两个水稻叶片表皮气孔的影响

由图 6.1B 和 6.2B 可以看出，与对照相比，加硅后可以促进气孔开放。高锰胁迫下，敏感品种气孔接近于闭合，耐性品种气孔开度减小（图 6.1C 和 6.2C），伴随着 Si 的施入，两个品种的气孔开度又增大（图 6.1D 和 6.2D）。

表 6.1 硅对锰胁迫下两个水稻品种光合色素的影响

品种	锰处理	硅处理	叶绿素 a (mg/g)	叶绿素 b (mg/g)	类胡萝卜素 (mg/g)	叶绿素 a+b (mg/g)	叶绿素 a/b
敏感品种 XXY	正常 Mn 浓度	－	1.78±0.01	0.86±0.01	0.17±0.01	2.64±0.01	2.07±0.01a
		＋	1.65±0.04	0.78±0.07	0.18±0.02	2.43±0.03	2.13±0.14a
	高 Mn 浓度	－	1.35±0.13	0.65±0.06	0.11±0.03	1.99±0.01	2.09±0.02a
		＋	1.45±0.02	0.72±0.05	0.14±0.00	2.16±0.05	2.03±0.15a
耐性品种 ZLY	正常 Mn 浓度	－	1.72±0.05	0.81±0.03	0.18±0.00	2.54±0.07	2.12±0.01a
		＋	1.51±0.23	0.72±0.08	0.16±0.01	2.56±0.02	2.07±0.11a
	高 Mn 浓度	－	1.59±0.05	0.75±0.03	0.13±0.01	2.35±0.07	2.11±0.01a
		＋	1.71±0.05	0.82±0.03	0.18±0.01	2.53±0.08	2.09±0.01a

方差分析		叶绿素 a			叶绿素 b			类胡萝卜素			叶绿素 a+b			叶绿素 a/b		
		df	P	$LSD_{0.05}$	df	P	$LSD_{0.05}$	df	P	$LSD_{0.05}$	df	P	$LSD_{0.05}$	df	P	$LSD_{0.05}$
方差分析	品种	1		0.60	1		0.30	1		0.08	1	<0.001	0.31	1		0.49
	Mn	1		0.60	1		0.30	1	<0.05	0.08	1	<0.001	0.31	1		0.49
	Si	1		0.60	1		0.30	1		0.08	1		0.31	1		0.49
	品种×Mn	1	<0.05	0.85	1	<0.05	0.42	1		0.12	1	<0.001	0.44	1		0.70
	品种×Si	1		0.85	1		0.42	1		0.12	1		0.44	1		0.70
	Mn×Si	1		0.85	1	<0.05	0.42	1	<0.05	0.12	1	<0.05	0.44	1		0.70
	品种×Mn×Si	1		1.20	1		0.59	1		0.17	1		0.63	1		0.99

表 6.2　硅对锰胁迫下两个水稻品种光合参数的影响

品种	锰处理	硅处理	净光合速率 P_n[μmol/(m^2·s)]	蒸腾强度 T_r[μmol/(m^2·s)]	气孔导度 G_s[mmol H_2O/(m^2·s)]
敏感品种 XXY	正常 Mn 浓度	－	15.11±0.73	2.23±0.38	0.08±0.02
		＋	19.85±1.74	7.53±0.80	0.35±0.05
	高 Mn 浓度	－	12.35±1.46	3.03±1.23	0.11±0.01
		＋	17.11±0.58	3.48±0.31	0.13±0.01
耐性品种 ZLY	正常 Mn 浓度	－	17.55±0.71	5.82±1.07	0.24±0.02
		＋	18.38±0.72	5.68±1.38	0.23±0.07
	高 Mn 浓度	－	16.07±0.15	3.03±0.06	0.11±0.00
		＋	16.54±1.08	3.23±0.42	0.12±0.01

方差分析		df	P	$LSD_{0.05}$	df	P	$LSD_{0.05}$	df	P	$LSD_{0.05}$
	品种	1	<0.05	3.51	1		2.90	1		0.11
	Mn	1	<0.001	3.51	1	<0.001	2.90	1	<0.001	0.11
	Si	1	<0.001	3.51	1	<0.001	2.90	1	<0.001	0.11
	品种×Mn	1		4.96	1		4.10	1		0.15
	品种×Si	1	<0.001	4.96	1	<0.05	4.10	1	<0.001	0.15
	Mn×Si	1		4.96	1	<0.05	4.10	1	<0.001	0.15
	品种×Mn×Si	1		7.02	1	<0.001	5.80	1	<0.001	0.22

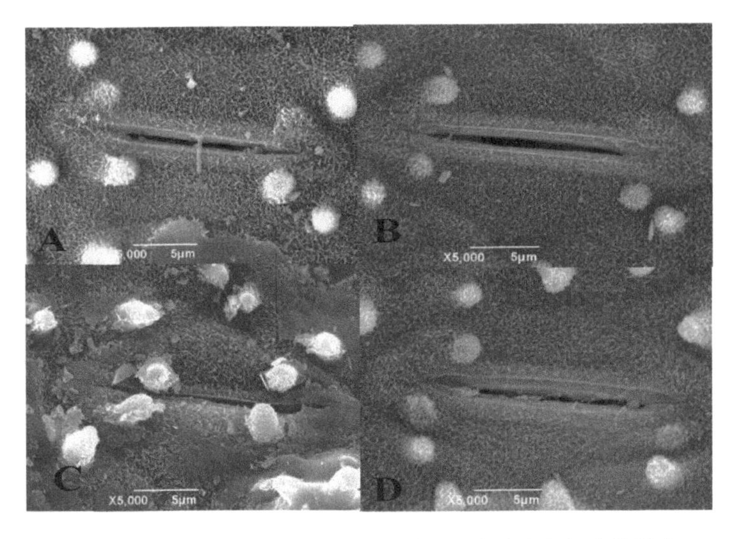

图 6.1　Si 对 Mn 胁迫下水稻锰敏感品种叶片表皮气孔的影响
(A:CK; B: Si 处理; C: Mn 处理; D:Si＋Mn 处理)(Li *et al*,2015)

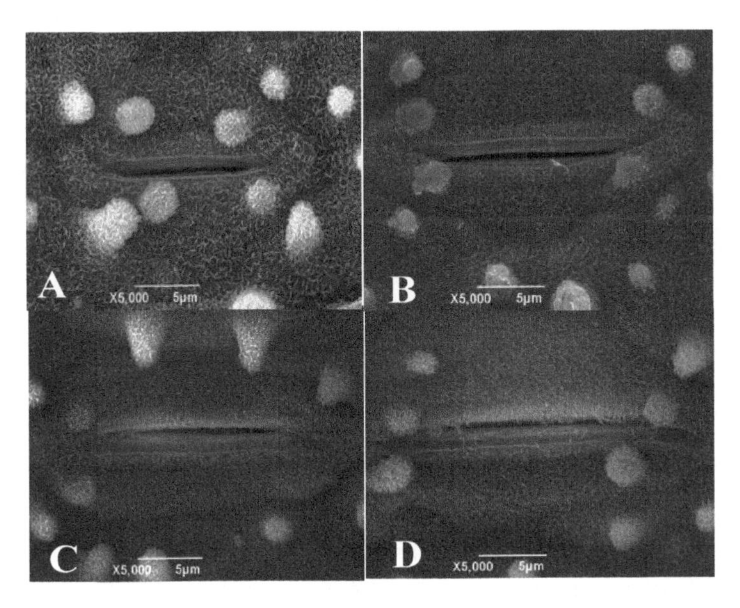

图 6.2　Si 对 Mn 胁迫下水稻锰耐性品种叶片表皮气孔的影响
(A:CK; B: Si 处理; C: Mn 处理; D:Si＋Mn 处理)(Li *et al*,2015)

6.2.4 Si 对 Mn 胁迫下两个水稻品种叶绿体超微结构的影响

由图 6.3A 和 6.4A 可以看出对照处理叶绿体膜及类囊体膜清晰完整，而耐性品种基粒类囊体垛叠多且排列致密整齐。Si 处理叶绿体稍有变圆，有淀粉粒出现(6.3B，6.4B)。Mn 处理下，敏感品种基粒类囊体开始松散解体，叶绿体变形(6.3C)，而耐性品种无明显变化(6.4C)，而加 Si 之后，基质片层结构比较清晰(6.3D，6.4D)。

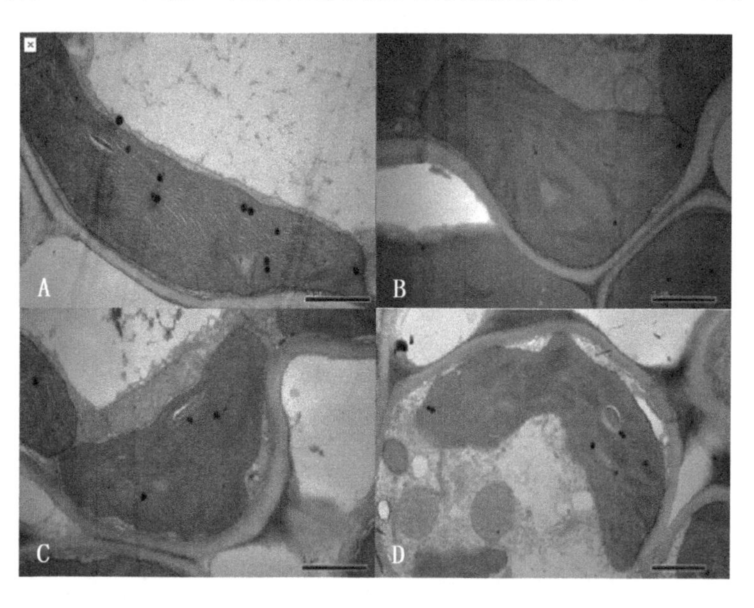

图 6.3 硅对锰胁迫下水稻锰敏感品种叶绿体超微结构的影响(Li *et al*，2015)

6.3 讨论

锰毒影响着植物的生长和发育(Paul *et al*，2003；Shi *et al*，2005b)，但不同的作物和同一作物不同品种之间对锰毒的反应机制是不相同的。植物品种之间存在巨大的基因型差异，如豆类(González *et al*，1998)、豇豆(Horst *et al*，1999)、油菜(Moroni *et al*，2003)和玉米(Doncheva *et al*，2009；Stoyanova *et al*，2008)在

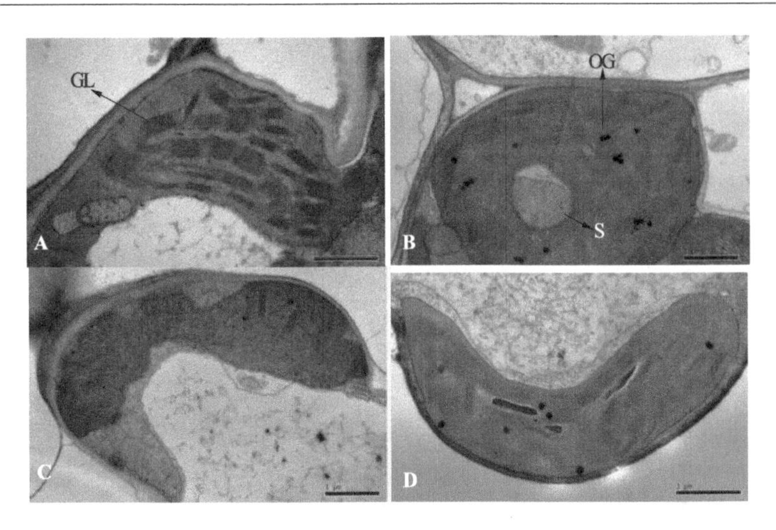

图 6.4　硅对锰胁迫下水稻锰耐性品种叶绿体超微结构的影响(Li *et al*,2015)
嗜锇体(OG);淀粉粒(S);基粒片层(GL)

锰胁迫下品种之间存在着反应差异。而我们的研究结果也表明,水稻品种对锰胁迫也存在着巨大差异。

叶绿素在光合作用的光能吸收、传递和转换中起着关键作用,类胡萝卜素作为光合作用的辅助色素,使植物体更充分利用可见光,二者以色素蛋白复合体的形式存在于叶绿体中。早期的研究认为,在一定范围内,叶绿素含量与光合速率成正相关(刘贞琦等,1982;刘振业等,1984)。高锰胁迫下植株受到伤害最为常见的症状是叶绿素含量显著降低,这一方面是因为高锰抑制了叶绿素合成必需元素 Mg、Fe 等的吸收,使叶绿素合成受阻(Le Bot *et al*, 1990a; Hauck *et al*, 2003);另一方面可能因为锰胁迫时,会产生大量的活性氧,攻击叶绿素分子,改变叶绿体结构,影响其正常的功能(Issa *et al*, 1995)。Rezai *et al* (2008)指出,在锰胁迫下豌豆的叶绿素含量降低。Lidon *et al* (2004)指出水稻在锰胁迫下,叶绿素和类胡萝卜素含量显著降低。我们研究结果表明:在锰胁迫下,敏感品种的叶绿素和类胡萝卜素含量显著降低,但耐性品种仅类胡萝卜素含量显著降低,而施硅增加叶绿素和类胡萝卜素的含量,从而逆转锰对水稻的不利影响。

净光合速率是一个描述叶片光合功能状况的直接指标，而有大量报道锰毒害会降低植物的光合速率，白桦树(Kitao *et al*，1997)、赤小豆(Subrahmanyam *et al*，2001)、绿豆(Sinha *et al*，2002)、黄瓜(Feng *et al*，2009)、豇豆 (González *et al*，1997；1998；1999)、小麦 (Macfie *et al*，1992；Ohki，1985)、烟草(Houtz *et al*，1988；Nable *et al*，1988)和水稻 (Lidon *et al*，2004)在锰毒害下光合速率会显著降低。而我们的研究也表明，锰毒害下两个品种的光合速率都会降低，加硅后敏感品种的光合速率显著提高，而耐性品种的光合速率稍有增加。

气孔是植物叶片中最重要的气体交换通道，控制着 CO_2从叶片的进入和叶片的蒸腾作用，从而间接影响叶片光合作用的进行。敏感品种的气孔导度和蒸腾强度在锰胁迫下没有显著变化，而耐性品种却显著下降。耐性植物在锰胁迫下气孔导度和蒸腾强度显著减少，这说明其以最少的水分消耗获得最多的光合生产，是锰胁迫下的一种自我保护机制。

重金属在植物体内的积累超过一定阈值后，对植物细胞超微结构会造成一定的损伤。过多的锰有可能紧紧地结合在叶绿体类囊体膜的外侧，因而影响叶绿体的结构和光合速率(Lidon *et al*，2004)。研究表明硅可以降低金属胁迫下对植物细胞超微结构的损伤，如玉米锰胁迫 (Doncheva *et al*，2009；Ali *et al*，2013；Song *et al*，2014)、大麦铬胁迫和水稻锌胁迫 (Doncheva *et al*，2009；Ali *et al*，2013；Song *et al*，2014)。我们的研究结果表明：锰胁迫下，敏感品种受到伤害，气孔接近闭合，而加硅之后，减轻了伤害，气孔开度增大。耐性品种为了抵御锰胁迫，降低气孔开度，减少水分蒸发，来减轻伤害，施硅之后，对其影响不大。对叶片超显微结构研究显示，锰毒害下，敏感品种水稻叶片的叶绿体类囊体松散解体，使其光合功能下降，降低光合速率。而耐性品种受到的伤害不大。Doncheva *et al* (2009)在玉米上也有相似报道，锰胁迫下，敏感品种叶绿体变形，而耐性品种只受轻微影响。而硅能促水稻叶肉细胞中叶绿体的体积增大，片层结构和基粒增多，有利于光合作用的进行，因此能减轻锰对水稻造成的伤害。

第 7 章　应用高通量测序技术分析锰胁迫下水稻叶片基因的差异表达谱

水稻是重要的粮食作物，全球约一半的人以稻米为主食。而锰作为水稻生长必需的微量元素，对水稻的生长发育起着重要作用。然而，过量的锰对植物具有毒性早已被确认，在我国，锰毒土壤广泛存在。南方大面积的酸性土壤，一些矿区土壤由于长期淹水、氧化还原电位低、pH 偏低，导致大量的锰在土壤中积累，从而严重影响水稻生长发育与产量(李玉影等，2009；臧小平，1990)。利用现代分子生物学技术研究水稻对锰胁迫的应答机制，进而揭示其耐锰机理，对于遗传改良，发掘耐锰基因具有重要意义。

20 世纪 90 年代建立起来的基因芯片技术和最近发展起来的第二代 DNA 测序技术是高通量研究基因的结构和功能的两种比较重要的技术，推动了功能基因组和系统生物学研究的发展。现在芯片测序技术方法已被广泛用于烟草、小麦耐干旱(汪耀富等，2007；Wei *et al*，2008；徐州达等，2007)、小麦耐水分胁迫(庞晓斌等，2007)、大麦耐铁胁迫(Negishi *et al*，2002)、水稻耐盐胁迫(Kawasaki *et al*，2001)、水稻耐高温胁迫(王曼玲等，2009；韦克苏等，2010)、水稻病原菌侵染 (Li *et al*，2006)、水稻耐非生物胁迫(靳朋等，2009；张子佳等，2008)和水稻缺磷胁迫(Walia *et al*，2005)等方面研究，却很少有水稻耐重金属胁迫方面的研究报道。高通量测序技术一次能对几十万到几百万条 DNA 分子进行序列测定，依靠其后期强大的生物信息学分析能力，对照一个参比基因组高通量测序技术可以完成基因组测序，因此，能对一个物种的转录组和基因组进行全貌细致的分析，所以又被称为深度测序 (Sultan *et al*，2008)。

水稻基因组较小(约 430 Mbp)、具有高密度的遗传和物理图谱、全基因组序列公布、比较容易的遗传转化体系以及与其他禾谷类共线性等特点，现已成为单子叶植物生物学研究的模式植物

(*Sasaki et al*, 2002; Wu *et al*, 2002)。在水稻中挖掘有用的基因,是当前水稻功能基因组学和分子遗传学研究的热门课题。有些学者利用基因芯片技术,发现水稻 AP2/EREBP、bHLH 家族在响应非生物胁迫中起着重要作用(靳朋等,2009;张子佳等,2008)。高通量测序技术的发展,将为以水稻为代表的农作物大规模功能基因组的研究提供一个契机。水稻对于锰毒的响应及其耐锰机制涉及一系列基因的差异表达,形成基因表达的网络。本研究利用高通量测序技术,对锰胁迫下水稻锰敏感品种新香优 640 的基因表达情况进行了分析,为进一步认识水稻的耐锰机制,挖掘和利用水稻耐锰基因提供理论依据。

7.1 高通量测序

7.1.1 实验流程

样本制备及高通量测序试验由深圳华大基因公司完成。主要试剂耗材为 Illumina Gene Expression Sample Prep Kit 和 Solexa 测序芯片(flowcell)(version RTA1.6),主要仪器是 Illumina Cluster Station 和 Illumina Genome Analyzer 系统。具体步骤为:用 Pbiozol 提取组织,最后溶于 50 μL DEPC-water,用 Nano drop 预测浓度;根据 Nano drop 测定的样品浓度,取 1 μL 变性后进行 Agilent 2100 检测浓度和纯度。提取 6 μg 总 RNA,进行测序。实验流程见图 7.1。

7.1.2 信息分析流程

信息分析工作流程见图 7.2。

标准化方法:每个基因包含的原始 Clean Tags 数 / 该样本中总 clean Tags 数 ×1 000 000(Hoen *et al*, 2008; Morrissy *et al*, 2009)。

差异表达基因的筛选:参照 Audic *et al* (1997)方法,加以修改。样本中单个基因的分布符合泊松分布,对差异检验的 Pvalue 作多重假设检验校正,通过控制 FDR(False Discovery Rate)来决定 Pvalue

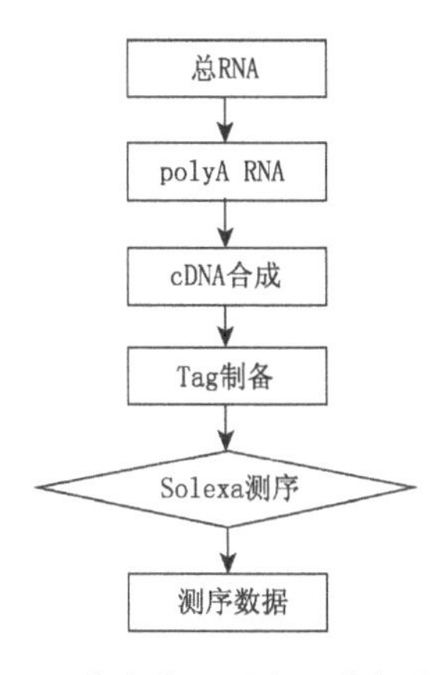

图 7.1　数字化基因表达谱实验流程

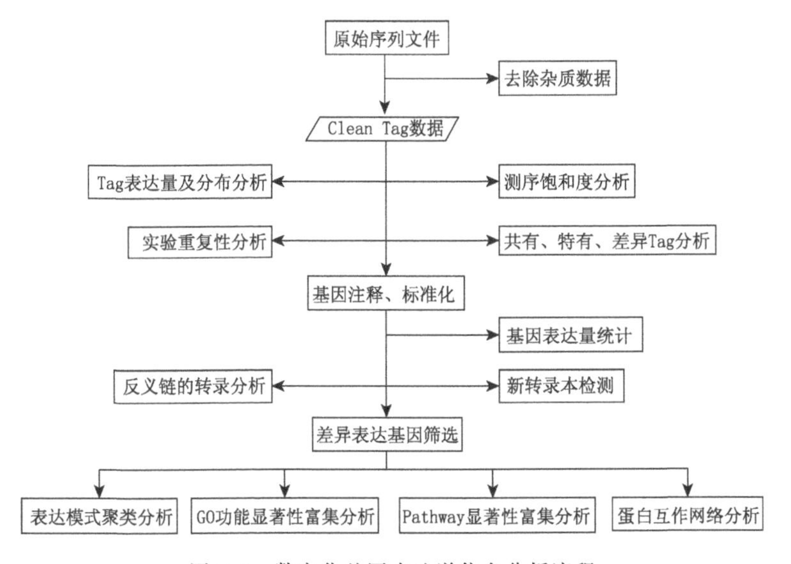

图 7.2　数字化基因表达谱信息分析流程

的域值。差异表达基因定义为 FDR≤0.001 且倍数差异在 2 倍以上的基因。

GO 功能显著性富集分析首先把所有差异表达基因向 Gene Ontology 数据库(http://www.geneontology.org/)，应用超几何检验，与整个基因组背景相比，找出在差异表达基因中显著富集的 GO

条目。计算得到的 *P* 值通过 FDR 校正之后(Benjamini *et al*, 2001),以 FDR≤0.05 为阈值,满足此条件的 GO 条目定义为在差异表达基因中显著富集的 GO 条目。

通路显著性富集分析:KEGG 是关于通路的主要公共数据库(Kanehisa *et al*, 2008)。通路显著性富集分析以 KEGG 中的通路为单位,应用超几何检验,与整个基因组背景相比,找出在差异表达基因中显著性富集的通路。FDR≤0.05 的通路定义为在差异表达基因中显著富集的通路。

7.1.3 以实时荧光定量 PCR 验证高通量测序数据

选取差异表达基因 23 个和 1 个内参基因(表 7.1)进行实时荧光定量 PCR 试验,3 次重复,PCR 程序为 95℃ 10 s,95℃ 5 s,60℃ 30 s,40 个循环。设置 55℃至 90℃每隔 0.2℃读取荧光值 1 次,反应结束后分析荧光值变化曲线和融解曲线。每个反应 3 次重复,采用 $2^{-\Delta\Delta Ct}$算法(Livak *et al*, 2001)分析结果。

表 7.1 用于实时定量 RT-PCR 分析的引物

登录号		引物序列	扩增片断大小
CT832583	-F	5'-TTGCTCCTCTTGCCAAGGTT-3'	90
	-R	5'-TCTTCTGGGTGGCTGTTGTG-3'	
AK103729	-F	5'-GTGTGAGTGAAGAAAGGATAAAGCA-3'	146
	-R	5'-GGTCTTGTAAACGCTCTGTGGA-3'	
CT833181	-F	5'-GAAGGGCATCTTCACCAACG-3'	138
	-R	5'-TTGTCCAGCACCGACTGTTT-3'	
AK068236	-F	5'-TTTCAGGGCAACCGACCA-3'	89
	-R	5'-CGGTGCTCGTAGATGGATAAAAG-3'	
AK243122	-F	5'-GTTTCTCCGCAATCCACCAC-3'	100
	-R	5'-CCAAGCCTCCAACAACAACA-3'	
AK102864	-F	5'-TGAGGTCTGGGATAACGAGGA-3'	113
	-R	5'-CAGTGCTTGGAGAACATCACATAAC-3'	

续表

登录号		引物序列	扩增片断大小
AK101427	-F	5’-CTGTCATCCCTTGCAGTTTTCTT-3’	101
	-R	5’-GCCTTCCTCACAAACTCATCGT-3’	
AK069608	-F	5’-GCAATGTCCACAACCCCTCT-3’	107
	-R	5’-TGTTCCTTCCCTTACATAGCAAAAC-3’	
AK069040	-F	5’-GATGACGATGTGGCGATAAAGA-3’	101
	-R	5’-GGAACAAGTGGGTAGATGGAGTG-3’	
AK121093	-F	5’-GCTTGTGTGCGGCTTGTATG-3’	101
	-R	5’-GTGTCAGTGCGACGGTGTTT-3’	
AK104904	-F	5’-CCCTACTGGTGCATCCTCTTTC-3’	131
	-R	5’-GAGCAAAGCCACCTTCATCC-3’	
AF372831	-F	5’-GGAAGTCTCAATTCCACCACATC-3’	134
	-R	5’-GCTCTCTCTGTCTCCCTTCTGG-3’	
CT832669	-F	5’-GGGTGAAGAGGTGGGAGAGT-3’	105
	-R	5’-CCAGCCTCTGTGATTGGTGT-3’	
AK243433	-F	5’-AAGTCGAGTGCTGGAGGATTTT-3’	148
	-R	5’-CCGCAAGGAGTTTCTGGATG-3’	
AK120703	-F	5’-AATCCCTCCCCTCTCTGTCC-3’	142
	-R	5’-CCGACTGCCCTGAGAAGAA-3’	
AK060916	-F	5’-CAGAAGAGAGACAGGGGAGAAAAC-3’	140
	-R	5’-TCCATCCGAGAACCTAGAGCA-3’	
CT829125	-F	5’-ATGATGCCGCTGTTCTTCGT-3’	148
	-R	5’-CAATCTTGAGGCGGTTGTCC-3’	
CT828710	-F	5’-ATGCTCGTTGCACGCATTAG-3’	132
	-R	5’-GCGATGAGGGATAGGCTCTG-3’	
CT833497	-F	5’-TGAAGAAGGTGCTGGAGGTG-3’	122
	-R	5’-CGGTGTCCCCATGAAGTAGAA-3’	
AK240983	-F	5’-CGGGTTCGTCGACTTGTCTC-3’	131
	-R	5’-AGCCCAGAAAACCCTCCATC-3’	

续表

登录号		引物序列	扩增片断大小
AF402802	-F	5'-GTCGTGCCTGACGCTGATAA-3'	105
	-R	5'-CACAAAGCAGCATACCATCCA-3'	
AF402800	-F	5'-ATGGCGGGGAAAGACGA-3'	94
	-R	5'-TCACGCCCTTGATGTTGAG-3'	
CT832859	-F	5'-TCGCCATTGCATTGTATCTTG-3'	125
	-R	5'-TTGGAGAGGTTGGATGCTTG-3'	
CT831574	-F	5'-AAGATGAGGATGGCGCACTA-3'	110
	-R	5'-GAGCAACGAGAACGGACACA-3'	

7.2 实时荧光定量 PCR 测定光合作用相关基因

7.2.1 总 RNA 提取

RNA 提取方法依照 RNA prep pure 植物总 RNA 提取试剂盒（天根生化科技北京有限公司）说明书进行。

7.2.2 RNA 完整性和纯度检测

用 0.8%的琼脂糖凝胶电泳检测提取的 RNA 样品质量。取 1 μL 的 RNA 样品，用 RNase-free H_2O 稀释至一定倍数，测定 260 nm 和 280 nm 波长下吸光值，RNA 浓度（μg/μL）= OD_{260} × 40 × 稀释倍数/1000，根据 OD_{260}/OD_{280} 的吸光值的比值（通常在 1.7～2.1）可以判定 RNA 的纯度是否在所要求的范围内。所用仪器 iQ™5 多重实时荧光定量 PCR 仪、热循环 PCR 仪和凝胶成像系统：BIO－RAD 公司，USA。

7.2.3 RNA 样品的反转录

（1）按照反转录反应体系（反转录试剂盒，天根公司）配制混合液，彻底混匀，涡旋振荡时间不超过 5 秒钟，简短离心，并置于冰上。

(2)加入RNA模板,彻底混匀,涡旋振荡时间不超过5秒钟,简短离心以收集管壁残留的液体。

(3)37℃孵育60 min。

反转录的产物进行后续PCR反应和荧光定量PCR反应。

转录反应体系

内容	体积
10×RTmix	1 μl
Oligo－dT_{15}	1 μl
dNTP混合液	1 μl
Quant Reverse Transcripta	0.5 μl
RNase－free 水	4.5μl
模板	2 μl
总体积	10 μl

7.2.4 数据分析

实验数据在Excel下建立数据库,采用二因素分析,用Sigmaplot和Sigmastat统计软件进行方差分析和差异显著性分析,使用Origin 8.0软件作图。

7.3 结果与分析

7.3.1 高通量测序结果分布

不均一性、冗余性是细胞中mRNA的显著特征,少量种类mRNA表达丰度极高,而大部分种类的mRNA表达水平很低甚至极低。Clean Tags数据中,对照处理时,占总量95%的mRNA表达丰度不到37%,而表达丰度近63%的mRNA全部加起来不到mRNA总量的5%(图7.3A, B);高锰浓度下,占总量93%的mRNA表达丰度不到38%,而表达丰度近63%的mRNA全部加起来不到mRNA总量的7%(图7.3C, D);仅施硅处理时,占总量96%的mRNA

表达丰度不到38%，而表达丰度近62%的mRNA全部加起来不到mRNA总量的4%(图7.3E，F)；锰和硅同时处理时，占mRNA总量93%的表达丰度不到38%的少数mRNA，而表达丰度近63%的mRNA全部加起来不到mRNA总量的7%(图7.3G，H)。因此，Tags的拷贝数反映了相应基因的表达量，其分布统计结果整体上表明高通量测序获得的数据是正常的。

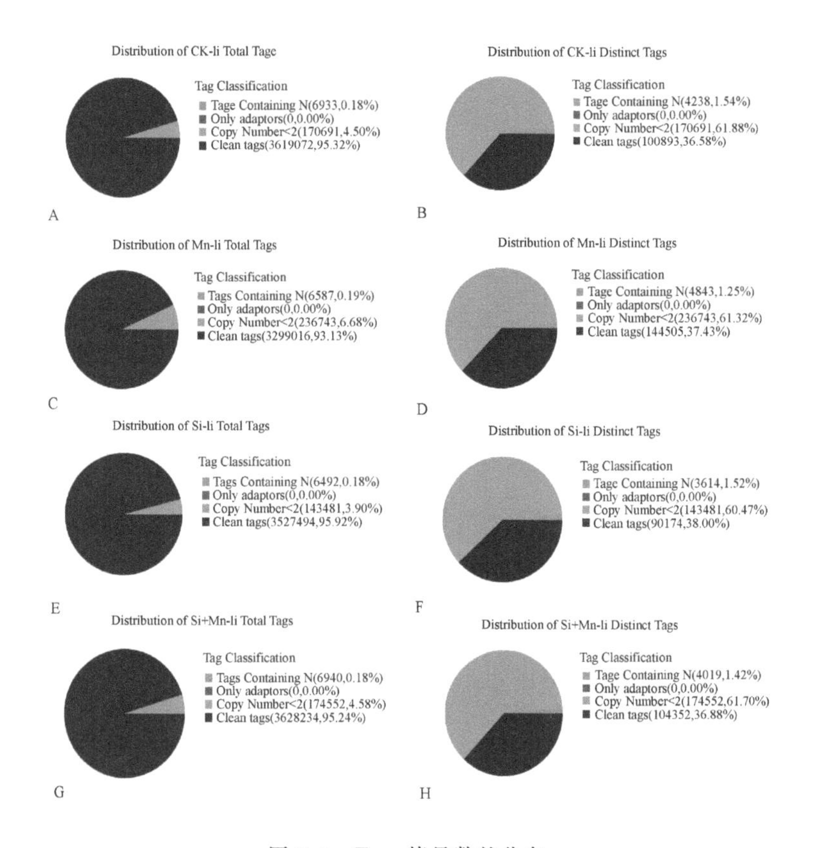

图7.3　Tags拷贝数的分布

(对应彩图见138页彩图7.3)

7.3.2 各种处理下的水稻基因差异表达谱

差异表达基因就是在若干实验组中表达水平有显著差异的基因,也称为“显著性基因”(Reiner *et al*, 2003)。多数研究都把表达水平增高一倍或下降一半(即 $\log_2(\text{ratio}) \geqslant 1$ 或 < -1)作为判断是否有表达差异的标准。锰毒害下水稻叶片部分基因的表达发生了变化,利用高通量测序技术共检测到16702个基因,差异表达的基因有2831个,其中上调基因1336个,下调基因1495个(图7.4)。锰毒害下施硅后表达基因16574个,其中上调表达647个,下调表达892个。正常锰浓度下,施硅后基因表达16525个,其中上调表达1558个,下调2028个。同时进行硅处理和锰处理时与单硅处理相比,表达基因16273个,上调表达320个,下调表达172个。

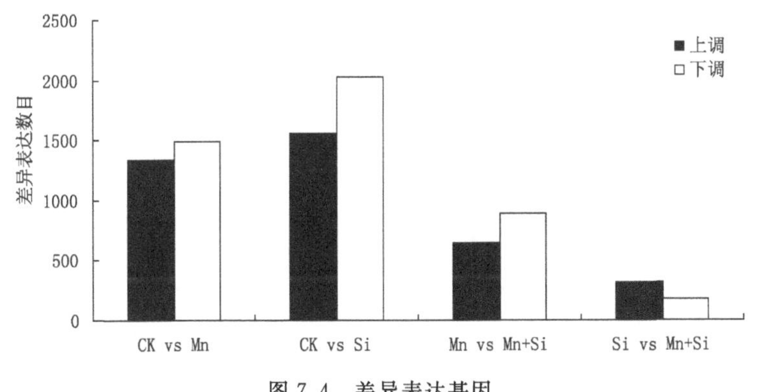

图7.4 差异表达基因

表7.2列出锰胁迫下施硅后差异表达最显著的50个基因,不仅影响水稻叶片SCP-胞外蛋白、水通道蛋白、RALF类家族蛋白、病程相关蛋白等蛋白的表达,还影响到过氧化酶、萜类合成酶、液泡合成酶、磷酸转移酶、ATP酶等酶类物质的合成(图7.5)。图7.6列出了差异表达的转运子。

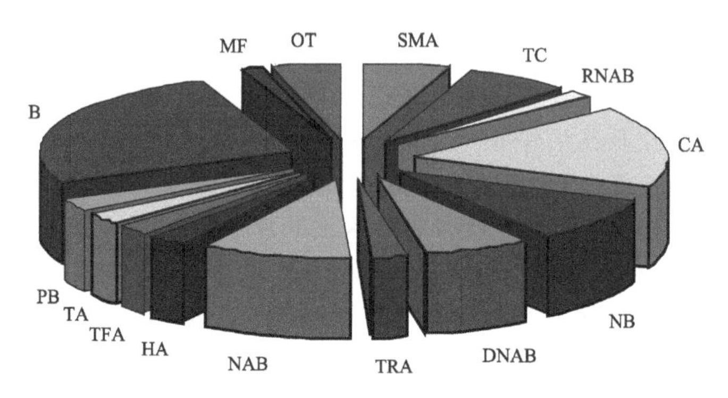

图 7.5　高锰胁迫下施硅后水稻差异表达基因分子功能分类

（对应彩图见 137 页彩图 7.5）

结构基因活性（SMA），转运子活性（TC），RNA 绑定活性（RNAB），催化活性（CA），核苷酸活性（NB），DNA 绑定活性（DNAB），转录调节因子活性（TRA），核酸活性（NAB），水解酶活性（HA），转录因子活性（TFA），转移酶活性（TA），绑定蛋白（PB），绑定活性（B），分子功能（MF）和其他（OT）

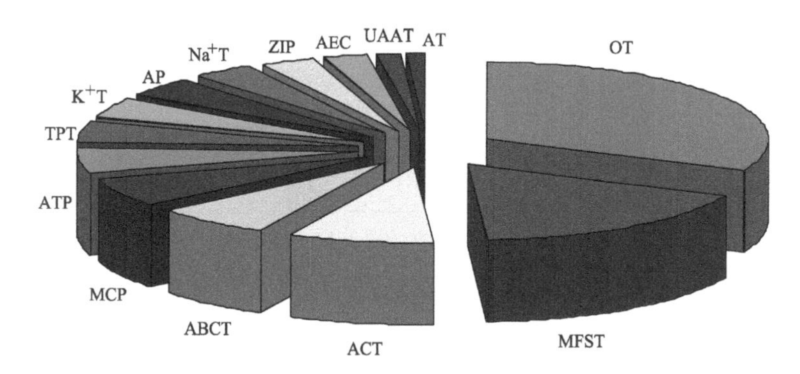

图 7.6　差异表达的转运子

（对应彩图见 139 页彩图 7.6）

氨基酸转运子（ACT），线粒体转运蛋白（MCP），MFS 通用底物转运蛋白（MFST），钾转运子（K^+ T），UAA 转运家族（UAAT），ABC 转运子（ABCT），水通道蛋白（AP），zip 锌转运体（ZIP），丙醣磷酸转运体（TPT），氨转运蛋白家族（AT），钠转运子（Na^+ T），生长素外运载体（AEC）和其他（OT）

表7.2 锰胁迫下施硅后水稻叶片部分差异表达基因列表

基因	log_2比率 (Si+Mn/Mn)	*P*值	基因描述
LOC_Os02g53200	9.738092	2.06E-09	glucan endo-1, 3-beta-glucosidase precursor, putative, expressed
LOC_Os10g39540	9.42836	9.97E-08	protein phosphatase 2C, putative, expressed
LOC_Os09g23670	9.105909	2.53E-06	transposon protein, putative, unclassified
LOC_Os02g31230	9.033423	4.83E-06	expressed protein
LOC_Os02g01380	8.954196	9.22E-06	expressed protein
LOC_Os08g38710	8.954196	9.22E-06	uncharacterized glycosyltransferase, putative, expressed
LOC_Os10g07978	8.873444	1.76E-05	disease resistance protein RPM1, putative, expressed
LOC_Os09g11480	8.873444	1.76E-05	AP2 domain containing protein, expressed
LOC_Os05g28170	8.784635	3.36E-05	expressed protein
LOC_Os01g45914	8.784635	3.36E-05	expressed protein
LOC_Os05g49430	8.592457	0.000122	aldose 1-epimerase, putative, expressed
LOC_Os03g56940	8.592457	0.000122	app1, putative, expressed
LOC_Os03g15910	8.592457	0.000122	membrane protein, putative, expressed
LOC_Os01g07500	8.592457	0.000122	alliin lyase precursor, putative, expressed
LOC_Os05g28520	8.592457	0.000122	MRH1, putative, expressed
LOC_Os03g24560	3.898985	0.000105	ompA/MotB, putative, expressed
LOC_Os08g03630	3.761006	0.000106	acyl-activating enzyme 14, putative, expressed

续表

基因	log_2 比率 (Si+Mn/Mn)	P 值	基因描述
LOC_Os10g38730	3.66172	0.000107	glutathione S-transferase, putative, expressed
LOC_Os06g21570	3.555092	0.00011	Os6bglu24 - beta-glucosidase homologue, similar to G. max isohydroxyurate hydrolase, expressed
LOC_Os01g41145	3.497623	0.000115	retrotransposon protein, putative, unclassified, expressed
LOC_Os01g49920	3.419873	3.78E-05	protein kinase, putative, expressed
LOC_Os01g65880	2.977028	1.21E-05	nodulin MtN3 family protein, putative, expressed
LOC_Os12g05550	2.939191	6.59E-06	sialyltransferase family domain containing protein, expressed
LOC_Os08g39430	2.929492	2.17E-05	thylakoid lumenal 19 kDa protein, chloroplast precursor, putative
LOC_Os07g34570	2.873748	3.63E-08	FAD dependent oxidoreductase domain containing protein, expressed
LOC_Os12g32750	2.82088	1.89E-06	flavin monooxygenase, putative, expressed
LOC_Os03g18870	2.800544	1.21E-05	heat shock protein DnaJ, putative, expressed
LOC_Os10g42610	2.76833	1.21E-05	expressed protein
LOC_Os09g35940	2.746426	2.28E-05	cytochrome P450, putative, expressed
LOC_Os07g49010	2.723188	5.85E-05	TOPBP1B - Similar to DNA replication protein TOPBP1 from, expressed

续表

基因	log_2 比率（Si＋Mn/Mn）	*P* 值	基因描述
LOC_Os05g38680	2.666458	2.50E-05	plant-specific domain TIGR01589 family protein, expressed
LOC_Os03g25400	2.657003	1.85E-08	kinase, putative, expressed
LOC_Os04g53214	2.581795	3.10E-05	hydroxyacid oxidase 1, putative, expressed
LOC_Os09g34250	2.580419	6.74E-06	UDP-glucoronosyl and UDP-glucosyl transferase domain containing protein, expressed
LOC_Os06g04920	2.55505	5.18E-07	zinc finger family protein, putative, expressed
LOC_Os01g55510	2.521103	1.85E-08	dynein light chain type 1 domain containing protein, expressed
LOC_Os01g01302	2.509555	2.40E-09	shikimate kinase, putative, expressed
LOC_Os04g51450	2.473297	1.90E-06	glycosyl hydrolases family 16, putative, expressed
LOC_Os01g08460	2.467555	0	TMS membrane protein/tumour differentially expressed protein, putative, expressed
LOC_Os05g38570	2.40659	2.35E-05	riboflavin biosynthesis protein ribAB, chloroplast precursor, putative, expressed
LOC_Os02g38350	2.394124	9.35E-05	Regulator of chromosome condensation domain containing protein, expressed
LOC_Os03g17480	2.389476	4.04E-06	IN2-1 protein, putative, expressed

续表

基因	log_2 比率 (Si+Mn/Mn)	*P* 值	基因描述
LOC_Os05g44560	2.377988	9.63E-06	kinesin motor domain containing protein, expressed
LOC_Os08g01520	2.364111	2.70E-07	cytochrome P450, putative
LOC_Os07g48090	2.348069	1.33E-13	CAMK _ KIN1/SNF1/Nim1 _ like. 30 - CAMK includes calcium/calmodulin depedent protein kinases, expressed
LOC_Os12g16524	2.34453	0.00014	glutaredoxin-C8 precursor, putative, expressed
LOC_Os05g41190	2.304125	1.47E-05	expressed protein
LOC_Os04g42870	2.29956	2.73E-07	methyltransferase domain containing protein, putative, expressed
LOC_Os06g39370	2.295985	1.09E-06	OsFBK16-F-box domain and kelch repeat containing protein, expressed
LOC_Os07g01090	2.279767	1.11E-13	transmembrane amino acid transporter protein, putative, expressed

7.3.3 差异表达基因代谢途径显著性富集分析

通过 Pathway 显著性富集分析获得了差异表达基因参与的最主要生化代谢途径和信号传导途径。锰胁迫下，水稻叶片在 118 个代谢通路中，有 26 个差异表达基因显著富集的代谢通路（表 7.3），涉及代谢调节不仅包括蛋白质代谢、核酸代谢、糖代谢、脂类代谢这些生物大分子的代谢，还有激素和维生素与辅酶这些微量有机小分子的代谢。在高锰浓度下，施硅处理后，有 16 个差异表达基因显著富集的代谢通路（表 7.4），主要涉及光合作用各相关过程。

表7.3 锰胁迫下水稻叶片基因表达通路显著性富集分析列表(Mn/CK)

序号	通路名	Q值
1	核糖体	5.71E－09
2	莽草酸生物碱合成途径	2.90E－05
3	丙酮酸代谢	1.47E－04
4	甘油酯类代谢	1.72E－04
5	糖酵解/糖异生途径	2.82E－04
6	谷胱甘肽代谢途径	4.16E－04
7	鸟氨酸,赖氨酸,烟酸生物碱合成途径	8.77E－04
8	植物激素的生物合成	8.77E－04
9	辅酶 Q_{10} 和其他萜醌合成	8.83E－04
10	组氨酸和嘌呤生物碱合成途径	1.52E－03
11	苯丙素合成	2.48E－03
12	三羧酸循环	5.40E－03
13	丁酸甲酯代谢	6.71E－03
14	氨基糖和核糖代谢	6.77E－03
15	代谢途径	8.55E－03
16	苯基丙氨酸、酪氨酸和色氨酸合成	1.16E－02
17	氧化磷酸化	1.16E－02
18	戊糖代谢	1.35E－02
19	萜类化合物合成	1.51E－02
20	细胞色素 P450 代谢	1.58E－02
21	果糖和甘露糖代谢	3.10E－02
22	半乳糖代谢	3.11E－02
23	内吞作用	3.23E－02
24	甘油磷脂代谢	3.33E－02
25	花生四烯酸代谢	3.33E－02
26	叶酸代谢	3.33E－02

表 7.4　正常锰浓度下施硅水稻叶片基因表达通路显著性富集分析列表(Si/CK)

序号	通路名	Q值
1	核糖体	1.97E−08
2	卟啉和叶绿素代谢	8.01E−06
3	光合作用—天线色素	2.22E−05
4	组氨酸和嘌呤生物碱合成途径	2.17E−04
5	鸟氨酸,赖氨酸,烟酸生物碱合成途径	2.61E−04
6	半乳糖代谢	1.26E−03
7	甘油酯质代谢	3.98E−03
8	光合作用中的 CO_2 固定	5.24E−03
9	氧化磷酸化	5.24E−03
10	果糖和甘露糖代谢	6.25E−03
11	莽草酸生物碱合成途径	6.25E−03
12	内吞作用	9.83E−03
13	光合作用	1.45E−02
14	蛋白质外运	1.55E−02
15	植物的昼夜节律	1.74E−02
16	丙酮酸代谢	1.74E−02
17	叶酸合成	1.74E−02
18	自我吞噬调节	1.74E−02
19	胞外运输	1.85E−02
20	嘌呤代谢	2.09E−02
21	磷脂酰肌醇信号途径	2.09E−02
22	萜类和聚酮类生物合成	2.79E−02
23	丁酸甲酯代谢	2.84E−02
24	三羧酸循环	2.88E−02
25	代谢途径	2.92E−02
26	甘油磷酸肌醇合成	2.99E−02
27	辅酶 Q 和其他萜类生物合成	3.01E−02
28	糖酵解/糖异生	3.24E−02

续表

序号	通路名	Q值
29	叶酸的碳库	3.65E－02
30	剪接体	3.71E－02
31	甘油磷酸酯代谢	4.19E－02
32	丙氨酸、天冬氨酸和谷氨酸代谢	4.46E－02
33	苯基丙氨酸、酪氨酸和色氨酸合成	4.76E－02
34	氨基酰－tRNA合成	4.76E－02
35	泛酸盐和辅酶A合成	4.76E－02

表7.5 高锰浓度下施硅后与仅锰处理相比较水稻叶片基因表达通路显著性富集分析列表(Mn＋Si/Mn)

序号	通路名	Q值
1	核糖体	4.79E－21
2	卟啉和叶绿素代谢	7.82E－10
3	光合作用－天线色素	6.30E－09
4	代谢途径	1.31E－03
5	光合作用	1.65E－03
6	光合作用中的CO_2固定	4.38E－03
7	磷酸戊糖途径	5.41E－03
8	糖酵解/糖异生	5.67E－03
9	氨基糖和核苷糖代谢	2.17E－02
10	果糖和甘露糖代谢	2.40E－02
11	亚油酸代谢	2.56E－02
12	酪氨酸代谢	2.56E－02
13	甘油酯质代谢	2.69E－02
14	氧化磷酸化	3.04E－02
15	氮代谢	3.86E－02
16	聚酮糖合成	4.81E－02

表 7.6　高锰浓度下施硅后与仅施硅相比水稻叶片基因表达通路显著性富集分析列表(Mn+Si/Si)

序号	通路名	Q 值
1	核糖体	3.19E−08
2	精氨酸和脯氨酸代谢	2.05E−01
3	自我吞噬	2.05E−01
4	剪接体	2.96E−01
5	光合作用	2.96E−01
6	光合作用−天线色素	3.06E−01
7	辅酶 Q 和其他萜类生物合成	3.57E−01
8	氧化磷酸化	3.84E−01
9	鸟氨酸,赖氨酸,烟酸生物碱合成途径	4.10E−01
10	莽草酸生物碱合成途径	4.10E−01
11	氰基氨基酸代射	4.10E−01
12	半乳糖代谢	4.73E−01

7.3.4　差异表达基因的实时荧光定量 PCR 分析

为了验证高通量测序数据的准确性,选取了测序结果中差异显著代谢途径中的 23 个基因,通过实时荧光定量 PCR 技术,比较分析了 23 个基因在锰胁迫下及在对照中的表达量。结果表明(表 7.7),高通量测序中的数据结果和实时荧光定量 PCR 中结果变化趋势一致,说明高通量测序获得的基因表达谱信息具有较高的可靠性。两组数据之间存在变化大小的差异,则可能是植物材料处理、采集过程中的差异,以及两种方法技术本身的不同所造成。

表7.7 差异显著的代谢途径的基因的荧光定量PCR分析

基因	登录号	代谢途径	$\log_2$比率(Mn/CK)	
			高通量测序	RT-PCR
LOC_Os02g07490	CT832583	糖酵解/糖异生	3.64	3.37
LOC_Os01g62870	AK103729	糖酵解/糖异生	3.21	2.45
LOC_Os04g16680	CT833181	糖酵解/糖异生	−3.39	−1.56
LOC_Os06g14510	AK068236	糖酵解/糖异生	−1.04	−1.12
LOC_Os04g33190	AK243122	糖酵解/糖异生	−1.90	−0.42
LOC_Os05g39690	AK102864	糖酵解/糖异生	3.04	0.49
LOC_Os01g40870	AK101427	糖酵解/糖异生	1.92	1.28
LOC_Os08g29170	AK069608	糖酵解/糖异生	−1.31	−0.95
LOC_Os10g29470	AK069040	糖酵解/糖异生	−1.77	−1.08
LOC_Os01g09570	AK121093	糖酵解/糖异生	1.74	2.00
LOC_Os06g04510	AK104904	糖酵解/糖异生	−1.50	−1.69
LOC_Os05g44760	AF372831	糖酵解/糖异生	−3.18	−4.21
LOC_Os09g33500	CT832669	糖酵解/糖异生	1.90	4.64
LOC_Os06g08670	AK243433	谷胱甘肽代谢	−1.35	−2.70
LOC_Os01g05810	AK120703	谷胱甘肽代谢	−2.33	−4.86
LOC_Os07g22600	AK060916	谷胱甘肽代谢	−3.13	−3.46
LOC_Os03g50130	CT829125	谷胱甘肽代谢	1.31	1.64
LOC_Os07g28480	CT828710	谷胱甘肽代谢	2.14	1.49
LOC_Os01g27360	CT833497	谷胱甘肽代谢	−1.89	−1.45
LOC_Os12g02960	AK240983	谷胱甘肽代谢	9.92	5.45
LOC_Os10g38140	AF402802	谷胱甘肽代谢	−9.25	−6.90
LOC_Os10g38710	AF402800	谷胱甘肽代谢	−1.25	−4.00
LOC_Os12g10730	CT832859	谷胱甘肽代谢	1.48	2.71
LOC_Os10g38580	CT831574	谷胱甘肽代谢	−2.47	−2.58

注:高通量测序获得的基因表达$\log_2$(差异表达倍数)标注在括号中，负数表示下调表达

7.4 讨论

高锰胁迫严重影响植物生长发育中生理代谢和生化过程(Demirevska-Kepova *et al*，2004；Paul *et al*，2003；Shi *et al*，2005a)。锰在植物体内主要作为某些酶的活化剂和辅基参与氧化作用。徐根娣等(2006)指出，高锰胁迫对大豆的过氧化物酶和酯酶同工酶有影响。俞慧娜等(2005)指出：随着锰浓度的不断增加，不同品种过氧化物酶活性先增大后减小，而丙二醛含量表现为先减少后增大的趋势。Fecht-Christoffers *et al* (2003a)指出，Mn 毒害诱导了豇豆体内质外体蛋白过氧化物酶(POD)和抗坏血酸盐的大量表达。Fecht-Christoffers *et al* (2006)又指出，锰毒害下 H_2O_2 诱导的 NADH－过氧化物酶抑制了豇豆质外体中酚类化合物的形成，从而减轻了体内的锰毒害。Rezai *et al* (2008) 研究也表明，豌豆锰胁迫下叶绿素含量也显著降低。但这些学者的研究仅从生理角度来探究锰胁迫对植物的影响，而本研究试图从基因角度探究植物对锰胁迫的反应机制。研究结果表明：锰胁迫诱导过氧物酶的前体 LOC_Os07g48050 基因显著上调表达($\log_2$ Ratio(Mn/CK)＝12.36)(表7.1)，从而在分子角度阐明了锰胁迫影响抗氧化系统的原因。研究结果表明高锰胁迫下过氧化氢同工酶(Os02g02400)基因表达显著上调($\log_2$ ratio(Mn/CK)＝3.28)，这也解释了高锰胁迫下过氧化氢酶活性比正常水平高 5 倍的原因(见图 5.3B)。高锰胁迫下显著降低了编码 GSH 过氧化物酶(Os06g08670 和 Os02g44500)基因表达，这导致了 GSH 含量在高锰胁迫下显著降低了(见图 5.6B)。

植物转录因子可调控植物体感受干旱、高盐、低温、氮缺乏等相关基因的表达，在植物抗逆反应中发挥重要的作用(Wu *et al*，2007)。WRKY 转录因子在高等植物中数量众多，形成一个大的基因家族。WRKY 家族转录因子参与植物各种生物和非生物胁迫反应，涉及真菌感染(Xu *et al*，2006)、抗病性 (Qiu *et al*，2009)、干旱胁迫 (Pnueli *et al*，2002；Qiu *et al*，2009)，渗透胁迫(Wei *et al*，2008)、激素胁迫(Xie *et al*，2005；2006)和磷胁迫(Devaiah *et al*，

2007)等。本研究中高锰胁迫下6个WRKY蛋白基因OsWRKY1v2（Os01g14440），OsWRKY62（Os09g25070），OsWRKY24(Os01g61080),OsWRKY77(Os01g40260),OsWRKY72(Os11g29870)和OsWRKY69(Os08g29660)都显著上调,但施硅后OsWRKY62（Os09g25070），OsWRKY24（Os01g61080），OsWRKY77(Os01g40260)和OsWRKY69(Os08g29660)显著下调,这表明硅通过调控WRKY基因家族在水稻抗锰胁迫中起着重要作用。但这些基因在水稻抗锰胁迫中的具体功能还需要进一步研究。

MYB基因家族在植物生长发育和抵抗胁迫中也起着重要的调节作用。研究表明几种R2R3型MYB基因表达在拟南芥抗干旱,盐胁迫和冷害起着重要作用（Agarwal *et al*，2006；Chen *et al*，2006；Zhu *et al*，2005）。Dai *et al*（2007)研究表明,OsMYB3R－2基因过量表达增加了拟南芥对冻害、干旱和盐胁迫的抗性。Ma *et al*（2009)研究也表明,水稻OsMYB3R－2基因过量表达增强了其对冷害的抗性。我们研究表明,MYB基因Os05g48010锰胁迫下表达显著上调,而施硅后表达却下调。

目前对锰诱导基因的表达方面的特别是在转运子上研究还较薄弱,植物中已经验证过的转运子有ZIP(ZRT,IRT－like protein)及CDF(Cation diffuse facilitator)两个基因家族(Delhaize *et al*，2003；Hirschi *et al*，2000；Lopez－Millan *et al*，2004；Pedas *et al*，2008)。而本研究利用高通量测序技术得到大量锰胁迫转运子差异表达基因,ZIP锌转运子基因Os09g35910和Os05g41540锰胁迫下下调表达,而施硅后上调表达。ABC转运子家族是植物体内比较大的转运子家族（Rea，2007)。Moons（2003)研究表明,镉和锌胁迫下诱导了水稻根系PDR型ABC转运子的表达。Moons（2008)研究也表明PDR型ABC转运子涉及植物生长调节,氧化还原反应和有机酸反应等过程。Kim *et al*（2007)研究表明,AtPDR8基因的过量表达增强了拟南芥对镉和铅胁迫的抵抗力。Huang *et al*(2009)研究表明水稻耐铝胁迫中涉及两个转运子显著表达。我们研究结果表明锰胁迫下,Os01g50100和Os01g07870基因表达显著上调,而施硅后表达却显著下调,表明硅通过调控ABC转运子在水稻抵抗锰胁迫中起到重要作用。众所周知，植物体内 Na^+ 和 K^+ 离子的平衡对植物的生长发育至关重要。我们的研究表明高锰胁迫下钾转运子基因表达显著上调，但钠转运子基因表达显著下调，因此破坏了离子平衡，严重抑制了植物的生长和发育。锰胁迫下表达上调的钾转运子 Os01g70490，Os10g31330，Os01g70490，Os01g45990 和 Os09g27580 施硅后下调表达；钠转运子 Os12g07270 锰胁迫下下调表达，施硅后却上调表达。这表明锰胁迫下施硅后能保持了植物体内的离子平衡，从而减轻锰毒。

大量研究表明 GSTs 在植物抵抗胁迫中起着重要作用，如抗真菌感染、氧化胁迫和重金属胁迫等（Banerjee *et al*，2010；Kilili *et al*，2004；Marrs，1996）。Lyubenova *et al*（2007）研究表明打碗花在镉胁迫下 GST 活性显著降低。Norton *et al*（2008）研究表明水稻体内 15 个 GST 基因包括 Os10g38140 和 Os10g38610 在砷胁迫下表达显著上调，但我们研究却表明在锰胁迫这两个基因表达显著下调。这表明水稻不同品种对砷胁迫和锰胁迫反应机制是不一样的。RT－PCR 结果也表明锰胁迫下 7 个 GSTs 基因（Os06g08670，Os01g05810，Os07g22600，Os01g27360，Os10g38140，Os10g38710 和 Os10g38580）在谷胱甘肽代谢途径中下调表达（表 7.6），这表明高锰胁迫抑制这种解毒酶的活性，导致了水稻锰中毒。Os10g38710 锰胁迫下下调表达，而施硅后上调表达；锰胁迫下 Os10g38780 和 Os09g29200 基因表达显著上调，但施硅后表达却显著下调。UDP－葡萄糖基转移酶基因 Os04g46970，Os04g12960 和 Os04g25490 在锰胁迫下表达上调，但施硅后表达下调；Os03g55030 锰胁迫下表达下调，施硅后表达上调。这表明硅能调控锰胁迫对转移酶基因的不利影响，从而减轻锰毒害。

细胞色素 P450 超家族是一大类多种多样的酶。大多数细胞色素 P450 酶的功能是催化氧化有机化合物氧化。Chakrabarty *et al*（2009）推测水稻砷胁迫下细胞色素 P450 起着重要作用。我们研究表明高锰胁迫下 Os09g35940 下调表达，施硅后上调表达；锰胁迫下 Os01g527904，Os09g10340 和 Os03g12260 上调表达，而施硅后它们却下调表达。这表明硅通过调控细胞色素 P450 家族来减轻水稻锰毒害。

水稻应答锰胁迫的基因是一个相互作用、相互协调的复杂系统，对于其作用方式、作用机制以及与其他蛋白或基因的关系还都有待进一步的研究和探索，只有全面揭示信号传递和基因相互作用的复杂网络，才能全面系统地阐释水稻响应锰胁迫的遗传机制。本试验通过高通量测序技术，初步明确了对锰胁迫具有差异表达的基因，为下一步这些基因的克隆和耐逆分子机理的研究打下了较好的基础。

第 8 章　硅对水稻敏感品种锰胁迫下光合作用相关基因表达的影响

锰是维持植物正常的生理活动的必需元素之一，参与光合作用是锰在植物体内最重要的生理功能，锰是光系统Ⅱ上水氧复合物的组成部分之一，直接参与了光合作用中的光合放氧过程。锰也是维持叶绿体结构的必需元素，叶绿体中含有较多的锰（施益华等，2003）。而有大量报道锰毒害会降低植物的光合速率和 CO_2 同化，包括白桦树（ Kitao *et al*，1997）、赤小豆（Subrahmanyam *et al*，2000）、绿豆（Sinha *et al*，2002）、黄瓜（Feng *et al*，2009）、豇豆（González *et al*，1997；1998；1999）、豌豆（Rezai *et al*，2008）、小麦（Macfie *et al*，1992；Moroni *et al* 1991；Ohki，1985）、烟草（Houtz *et al*，1988；Nable *et al*，1988）和水稻（Lidon *et al*，2004）。高锰胁迫降低了拟南芥光系统 I 的氧化还原能力，减少 PsaA 和 PsaB 表达水平（Millaleo *et al*，2013）。

一些研究表明硅对金属胁迫下叶绿素合成和光合作用的影响是有益的，如玉米（Malčovská *et al*，2014）、小麦（Rizwan *et al*，2012；Hussain *et al*，2015）、黄瓜（Feng *et al*，2010）和水稻（Nwugo *et al*，2008）的镉胁迫，水稻铝胁迫（Singh *et al*，2011）、大麦和小麦铬胁迫（Ali *et al*，2013；Tripathi *et al*，2015）、水稻砷胁迫（Sanglard *et al*，2014）。这些缓解作用是硅通过提高气体交换率和光合作用参数达到的，但是，硅对于金属胁迫下光合作用影响到分子机制还不清楚。根据前期的高通量测序结果获得了锰胁迫下涉及光合作用各途径大量差异表达基因，本研究采用实时荧光定量 PCR 技术，研究了锰胁迫下施硅处理后，水稻叶片中 7 个基因表达量的变化规律，以期从分子角度了解硅缓解锰毒害的机制。

8.1　光合作用和叶绿素测定

叶绿素测定:根据李合生等(2000)方法,取 0.2 g 的新鲜叶片,加入 10 mL 95%的乙醇,在研钵中磨碎,过滤,定容至 25 mL,使用分光光度计(U2800, Hitachi, 日本)在 470 nm、649 nm 和 665 nm 波长下测定吸光度。

光合参数测定:在 Mn 处理一周后使用便携式光合气体分析系统(LI6400, Li－Cor Inc, Lincoln NE, USA)进行气体交换测定。选取倒数第一片完全展开的叶片测定净光合速率(P_n)、气孔导度(G_s)、蒸腾速率(T_r)。

8.2　光合作用基因定量研究

8.2.1　实时荧光定量 PCR 引物的设计

表 8.1　本研究检测的基因及实时荧光定量 PCR 所用引物

登录号	代谢途径		引物序列	扩增片段大小
AK107127	卟啉和叶绿素代谢(HemD)	－F	5'－GCTGGAGGTTGGTGGACATT －3'	120bp
		－R	5'－TTGCCGACTTGGTTTCTCCT －3'	
CT833161	光合作用(Lhcb3)	－F	5'－ TGTTCTCCATGTTCGGCTTCT －3'	109bp
		－R	5'－ TAGACCCAGGCGTTGTTGG －3'	
AF093635	光合作用(PsaH)	－F	5'－AGGACATCGGCAACACCAC －3'	140bp
		－R	5'－CAGCAGGAACTTGAGCAGGA －3'	
AK061140	光合作用(PsbP)	－F	5'－TTGGCACTGACCGGTTCTC －3'	89bp
		－R	5'－TGCTTGTCGCTGGCACTT －3'	
AK061019	氧化磷酸化(Pyrophosphatase)	－F	5'－ CAGCAAGGTTAAGTATGAGTTGG－3'	115bp
		－R	5'－CAAAGTGTGCGTGGAATGAAA －3'	
AK288765	氧化碳酸化(ATPase protein)	－F	5'－GCTAACCCCTGTTCAAAGCAAA －3'	136bp
		－R	5'－GTTTACGCATCTCTTGACCCATC －3'	
CT831859	碳固定(phosphoribulokinase)	－F	5'－ TATGCCTCGATGACTACCATTCC －3'	113bp
		－R	5'－ ATTGCCTTCACCTGCTCATACA －3'	
AB047313	内参	－F	5'－AATCGTGAGAAGATGACCCAGA －3'	133bp
		－R	5'－CACCATCACCAGAGTCCAACA －3'	

根据水稻目的基因 mRNA 序列，引物设计、合成委托大连宝生有限公司完成。本文选用 Actin 基因作为内标基因，待测基因及其引物详见表 8.1。随机抽取几个样品用 Actin 基因进行常规 PCR 扩增检验模板的质量，然后样品模板与各目的基因的引物分别做普通 PCR 试验，检验各个目的基因的引物有效性。

8.2.2 利用普通 PCR 技术进行引物特异性验证

普通 PCR 的反应体系为：

缓冲液	5 μL
Mg^{2+}	4 μL
dNTPs(2.5 mmol · L^{-1} each)	1 μL
Taq 酶	0.5 μL
5′-引物	1 μL
3′-引物	1 μL
模板	1 μL
H_2O	36.5 μL
Total	50 μL

普通 PCR 的扩增程序为：

94 ℃ 3 min
94 ℃ 35 s
58 ℃ 35 s
72 ℃ 45 s
72 ℃ 3 min
} 38 个循环

利用 2%的琼脂糖凝胶电泳检验 PCR 产物。

8.2.3 实时荧光定量 PCR

(1)实时荧光定量 PCR 的反应体系为：

反应混和物	10 μL
5′-引物	0.8 μL
3′-引物	0.8 μL
模板	2.0 μL
ddH_2O	6.4 μL
Total	20 μL

(2)实时荧光定量 PCR 的反应程序为：

95.0 ℃　10s

95.0 ℃　5 s　……40 个循环

60.0 ℃　30 s

55.0 ℃　1 min

55.0 ℃　10 s　……80 个循环

8.2.4　Real-Time PCR 数据分析方法

本文 Real-Time PCR 定量方法为相对定量方法，即 $2^{-\Delta\Delta CT}$ 法。内参基因为水稻中表达相对稳定的 Actin 基因。每个样本三次重复，根据 C_T 的平均值进行计算。

实验数据在 Excel 下建立数据库，采用二因素分析，用 Sigmaplot 和 Sigmastat 统计软件进行方差分析和差异显著性分析，使用 Origin 8.0 软件作图。

8.3　结果与分析

8.3.1　提取的总 RNA 完整性和纯度鉴定

提取的总 RNA 经过纯化后，用 0.8％琼脂糖凝胶做电泳检测(图 8.1)，有明显的 28S 条带和 18S 条带，且 28S 条带明显要比 18S 条带亮，这表明所提取的总 RNA 完整性比较好，没有降解。所提取的 RNA，其 OD_{260}/OD_{280} 的比值均在 1.8～2.0 之间，表明提取的 RNA 纯度较高，没有受到蛋白质等物质的污染，可以用于下一步的

反转录试验。

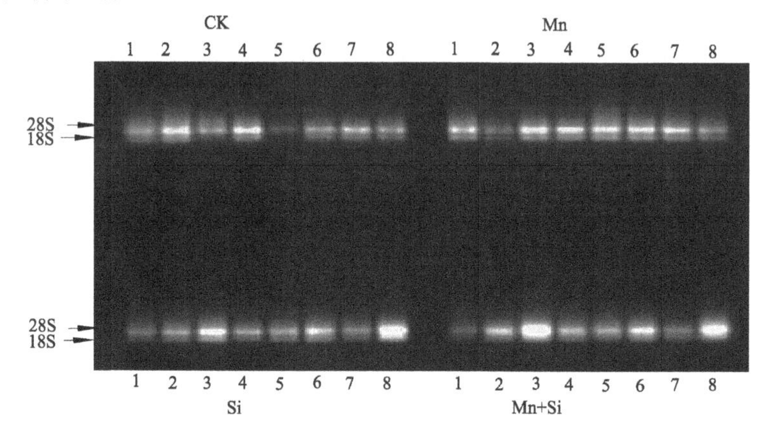

图 8.1　不同处理下水稻叶片中提取的总 RNA 电泳图

8.3.2　cDNA 模板质量和待测基因引物的特异性检验

将提取的 32 个样品进行反转录后，从中随机挑选出 16 个 cDNA 模板样品进行 Actin 基因扩增。如图 8.2 所示，16 个样品各自的扩增产物只有唯一的 Actin 基因引物扩增片段，均得到良好的扩增。扩增结果表明 cDNA 模板质量较好，可以用于实时定量 PCR 试验。

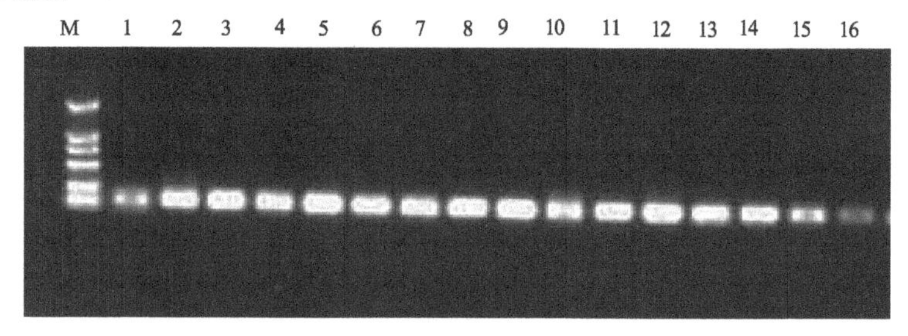

图 8.2　16 个 cDNA 样品内标基因转录水平

利用样品 17 的 cDNA 模板对所设计的 7 个基因（AK107127、CT833161、AF093635、AK061140、AK061019、AK288765、CT831859 和 AB047313）的引物进行扩增，如图 8.3 所示，8 个基因

扩增效果良好。扩增片段大小与引物设计完全一致，并且没有出现引物二聚体。扩增结果表明设计的引物具有很好的特异性，可以用于实时定量 PCR 试验。

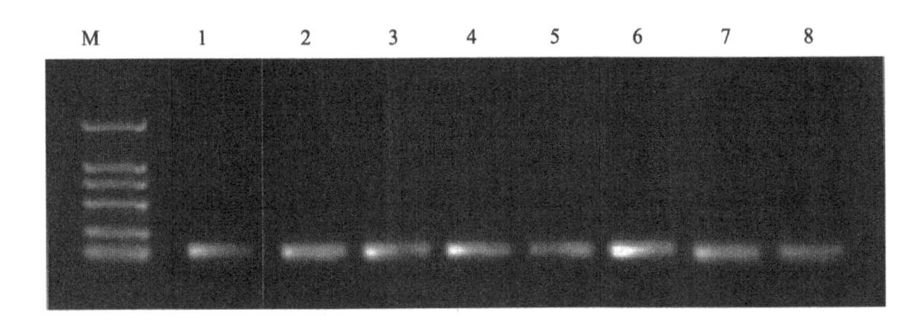

图 8.3　样品 17 进行 8 个目的基因的 PCR 扩增

8.3.3　实时荧光定量 PCR 的可靠性

样品在荧光定量 PCR 仪上进行实时定量扩增，扩增后得到一条 S 形荧光定量动力学曲线，其反映核酸扩增过程的状况（图 8.4～图 8.10）。从扩增曲线可以看出，各个基因 S 形荧光定量动力学曲线的基线比较平整；斜率大且较为固定；S 形较明显，是较为理想的扩增曲线。

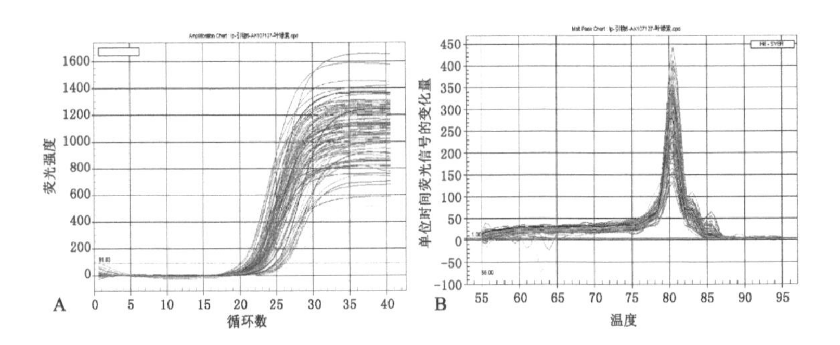

图 8.4　AK107127 基因的实时荧光定量 PCR 扩增曲线（A）和 PCR 产物熔解曲线（B）（对应彩图见 139 页彩图 8.4）

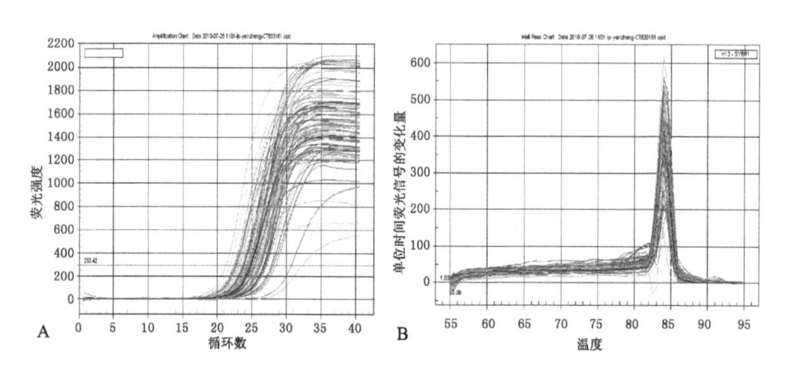

图 8.5　CT 833161 基因的实时荧光定量 PCR 扩增曲线(A)和 PCR 产物熔解曲线(B)(对应彩图见 140 页彩图 8.5)

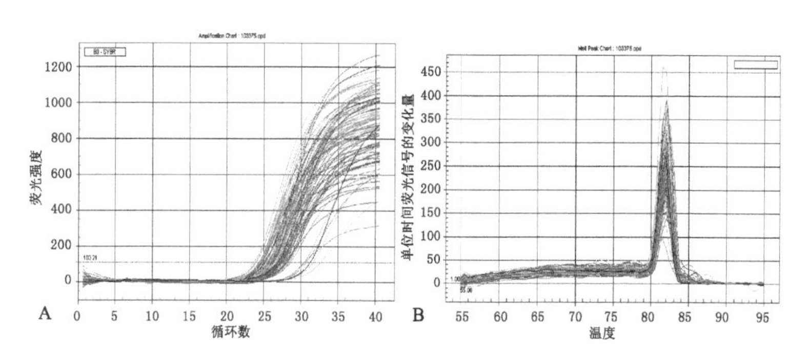

图 8.6　Af 093635 基因的实时荧光定量 PCR 扩增曲线(A)和 PCR 产物熔解曲线(B)(对应彩图见 140 页彩图 8.6)

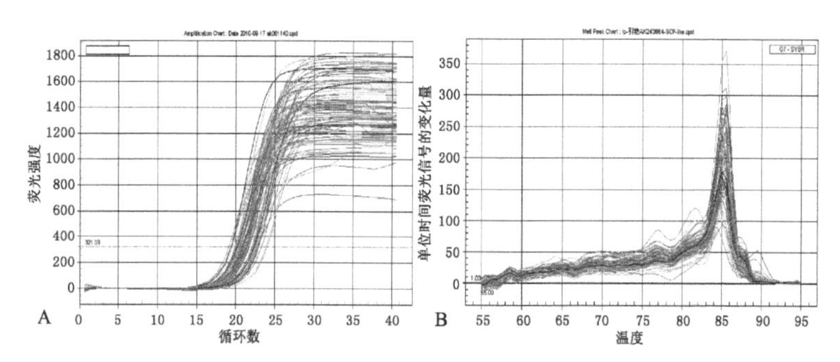

图 8.7　AK061040 基因的实时荧光定量 PCR 扩增(A)和 PCR 产物熔解曲线(B)(对应彩图见 140 页彩图 8.7)

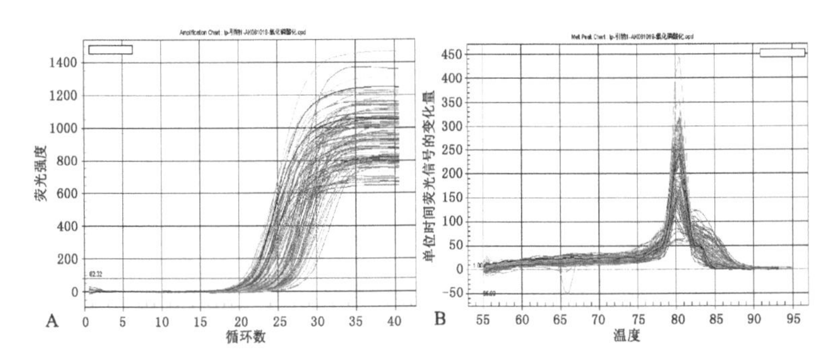

图 8.8　AK061019 基因的实时荧光定量 PCR 扩增曲线(A)和 PCR 产物熔解曲线(B)(对应彩图见 141 页彩图 8.8)

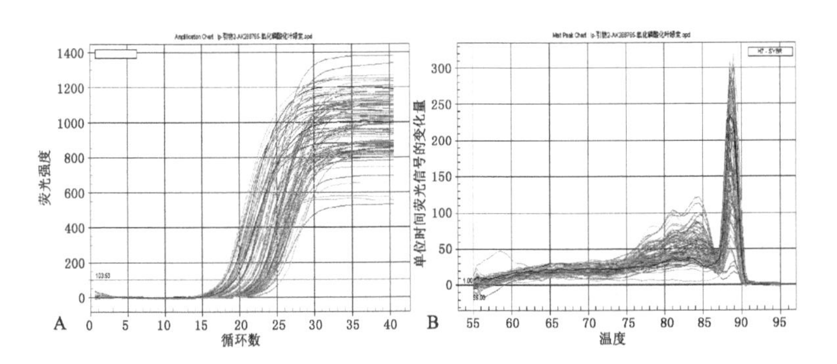

图 8.9　AK288765 基因的实时荧光定量 PCR 扩增曲线(A)和 PCR 产物熔解曲线(B)(对应彩图见 141 页彩图 8.9)

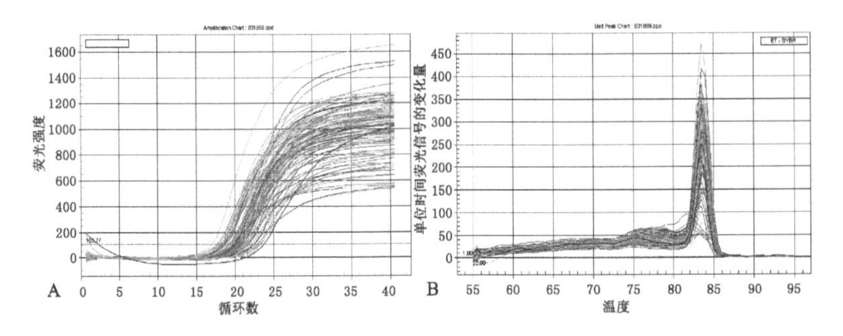

图 8.10　CT831859 基因的实时荧光定量 PCR 扩增曲线(A)和 PCR 产物熔解曲线(B)(对应彩图见 141 页彩图 8.10)

同时，从图 8.4～图 8.10 的熔解曲线可以看出，在实时荧光定量 PCR 结果中，各个样品的熔解曲线具有单一峰值，且相同基因峰值所处温度相同，表明扩增产物的特异性很好，熔解曲线能准确地反映目的产物的扩增，实验结果可信。

8.3.4　基因表达相对定量分析

植物的光合作用的电子传递系统由光系统Ⅰ、光系统Ⅱ和细胞色素 Cyt b6/f 三个复合体串联组成(图 8.11)，天线色素(LHCⅠ和 LHCⅡ)起着吸收和传递光能的作用。电子传递过程中引起光化学反应，生成大量的 ATP。图 8.12 列出了 CO_2 固定过程中涉及的基因变化。

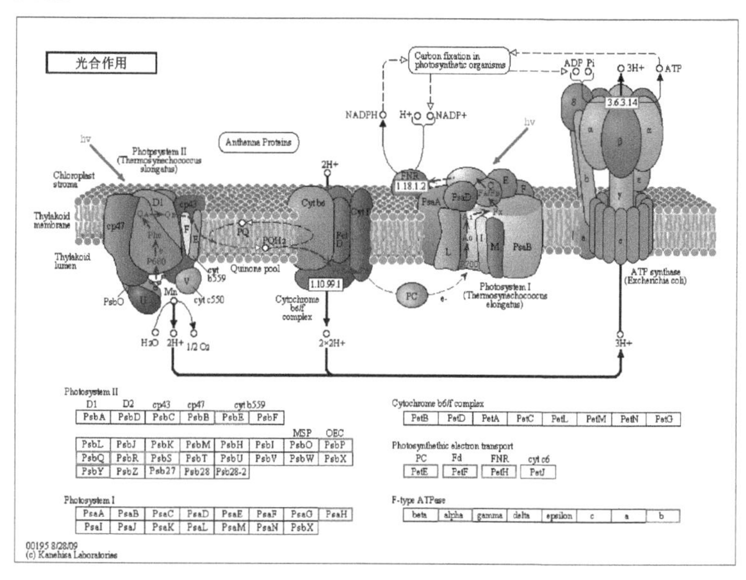

图 8.11　叶绿体中的电子传递系统(对应彩图见 142 页彩图 8.11)

高通量测序结果表明，锰胁迫下光合作用电子传递过程中大量基因差异表达。

HemD 是叶绿素合成代谢的一个关键酶，它催化羟甲基胆色素原生成尿卟啉原Ⅲ，锰胁迫下，HemD 的基因表达显著下调，正常锰

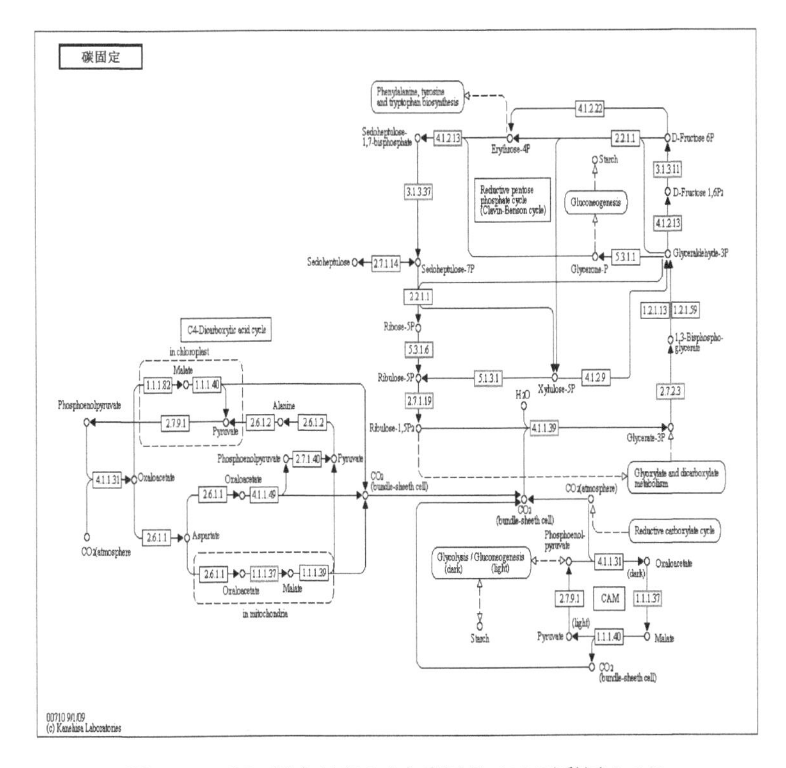

图 8.12　CO_2 固定过程(对应彩图见 142 页彩图 8.12)

浓度施硅处理,表达量也下调,但高锰浓度下施硅处理,表达量显著增加(图 8.13A)。

LHCⅡ是光系统Ⅱ的捕光复合体一,它由 Lhcb1、Lhcb2、Lhcb3 等一系列蛋白组成,锰毒害下,Lhcb3 的基因表达显著降低,施硅后,显著增加其表达量(图 8.13B)。

PsaH 是组成光系统Ⅰ的重要蛋白亚基,锰毒害下,其表达量显著上升。与对照相比,正常锰浓度下,施硅处理其表达量下降,但高锰胁迫下,施硅处理其表达量没有显著差异(图 8.13C)。PsbP 是光系统Ⅱ最重要的蛋白亚基,参与光反应中的水的裂解。仅施锰处理和仅施硅处理都显著增加其表达量,二者同时作用,其表达量增加的更多(图 8.13D)。

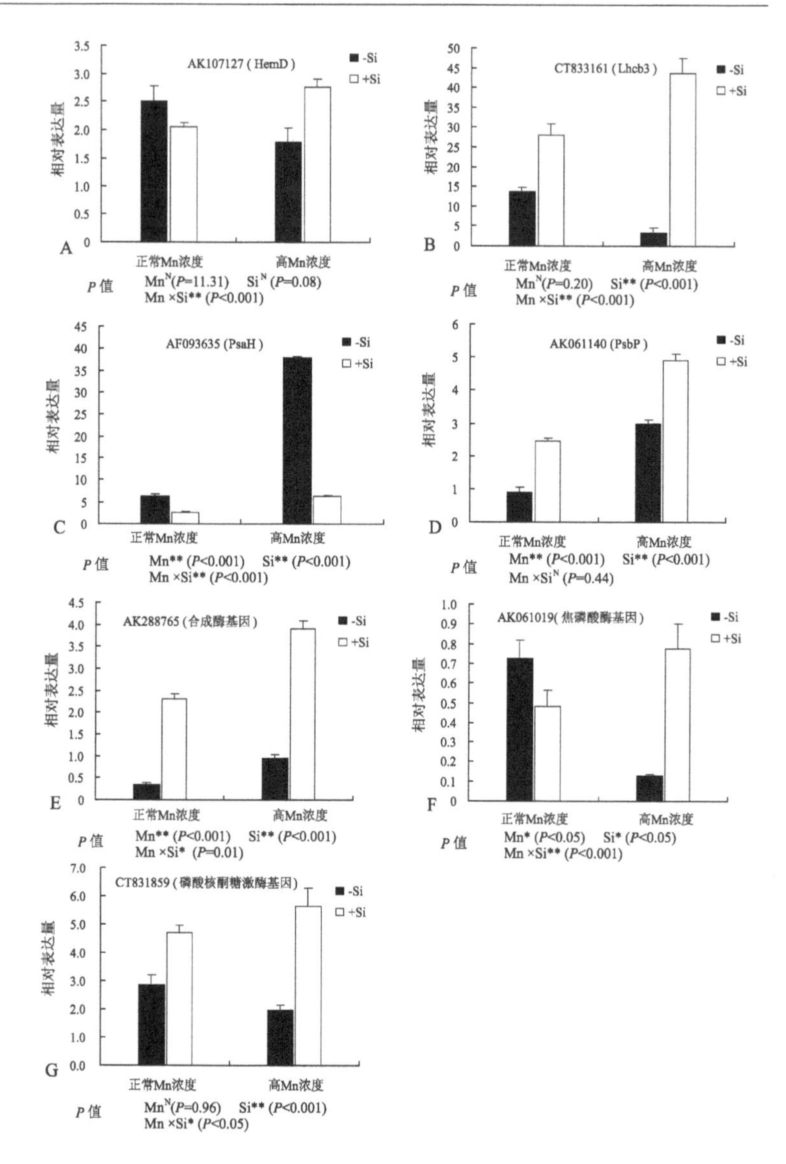

图 8.13　与光合作用相关的 7 个基因不同处理间的表达差异(Li *et al*,2015)

光合电子传递过程中,产生了跨膜的 H^+ 电化学势,促使 ADP 形成 ATP。锰毒害下,F 型 ATP 合成酶表达量显著增加,施硅后表达量大量增加(图 8.13E)。而焦磷酸酶(pyrophosphatase)的基因表达在锰毒害下却显著下调,施硅后与对照相比,无显著差异(图 8.13F)。

磷酸核酮糖激酶(phosphoribulokinase)在卡尔文循环中对 CO_2 的固定起着重要作用,锰毒害下,其表达量显著下调,施硅后表达量显著上升(图 8.13G)。

8.4　讨论

叶绿体中的光合色素有叶绿素和类胡萝卜素两类,叶绿素在光合作用的光能吸收、传递和转换中起着关键作用,类胡萝卜素作为光合作用的辅助色素,使植物体更充分利用可见光,二者以色素蛋白复合体的形式存在于叶绿体中。Lidon *et al* (2004)研究表明,锰毒害下叶绿素和类胡萝卜素含量显著减少,我们的研究(表 6.1)也表明,锰毒害下二者的含量也急剧减少。Csatorday *et al* (1984)研究表明高锰抑制了叶绿素合成必需元素 Mg 的吸收,使叶绿素合成受阻。Hauck *et al* (2003)认为锰胁迫时,会产生大量的活性氧,攻击叶绿素分子,改变叶绿体结构,影响其正常的功能。我们的研究表明,锰毒害下会抑制 HemD 的基因表达(图 8.13A),从而抑制叶绿素的合成。而锰胁迫下加硅处理,会增加 HemD 的基因表达,从而使叶绿素的合成不受影响。

光系统Ⅰ、光系统Ⅱ和捕光系统(LCH)位于类囊体膜上,光系统Ⅰ进行光化学反应,产生强的还原剂,用于还原 $NADP^+$ 生成 NADPH。PsaH 是光系统Ⅰ中的重要的亚基,与 LCH 相互作用,对结构域的稳定起着作用(Jensen *et al*, 2007)。我们研究发现,高锰胁迫诱导了 PsaH 基因大量表达(图 8.13C),这可能会导致光系统Ⅰ的结构不稳定,同时,锰毒害下,Lhcb3 的基因表达显著降低(图 8.13B),降低了光能捕获能力,从而影响光合作用。而施硅处理明显地抑制了锰毒害的作用,降低了 PsaH 基因的表达,促进了 Lhcb3 的基因表达,从而使锰毒害下水稻的光合作用不受影响。

锰簇复合体在光合作用中水的氧化裂解过程中起着重要作用

(*Ananyev et al*, 2001; Ferreira *et al*, 2004), Bondarava *et al* (2005)研究指出 PsbP 能绑定锰,使锰簇复合体紧紧地结合在光系统Ⅱ。我们的研究结果表明,锰毒害下,PsbP 基因大量表达(图 8.13D),Führs *et al*(2008)也指出,豇豆耐性品种在锰毒害下 PsbP 基因大量表达,这表明锰毒害下,PsbP 基因大量表达有利于绑定更多 Mn^{2+}。而施硅也会增加 Mn^{2+} 绑定。

焦磷酸酶(pyrophosphatase)催化一分子焦磷酸(PPi)生成两分子的 P 离子(Pi),F 型 ATP 合成酶催化 ADP 和 Pi 生成 ATP。我们的研究表明高锰胁迫显著增加了 ATP 合成酶基因的表达(图 8.13E),但显著抑制了焦磷酸酶基因的表达(图 8.13F),这表明高锰胁迫抑制了 Pi 的生成,虽然有大量的 ATP 合成酶,也不能合成 ATP,从而导致水稻生长发育需要的能量减少,影响生长。锰胁迫下施硅处理都显著增加这两个基因的表达,因而能够合成更多 ATP,为水稻的生长发育提供能量,从而减轻锰毒害。

磷酸核酮糖激酶催化 1,5－二磷酸核酮糖(RuBP)的形成,它是卡尔文循环中 CO_2 的受体(Miziorko, 2000)。重金属 Cu,Cd 和 Hg 等会抑制水稻中核酮糖 1,5－二磷酸羧化酶/加氧酶(Rubisco)的表达(Hajduch *et al*, 2001)。Nwugo *et al* (2011) 研究表明 Cd 显著抑制 RuBisCO 在水稻中的表达,但是加硅后会缓解这种抑制作用。我们的研究表明,高锰胁迫显著抑制了磷酸核酮糖激酶的基因表达(图 8.13G),Führs *et al* (2008)也报道锰胁迫下其表达也显著降低。这表明高锰胁迫下显著抑制了 CO_2 的受体的形成,从而减少了 CO_2 的固定。而锰胁迫下加硅处理,可以增加 CO_2 的固定,从而减轻锰毒害。

迄今为止,关于分子水平上硅缓解重金属胁迫的研究很少,Nwugo *et al* (2011)发现硅和镉互作中有 60 个蛋白差异表达。主要的研究集中在金属胁迫下硅影响转运子方面(Kim *et al*, 2014a; Bokor *et al*, 2014; Ma *et al*, 2015)。需要进一步对水稻锰胁迫下硅如何影响基因表达以及互作关系进行深入研究。

参考文献

鲍娜娜，王中阳，2014. 硅对水稻体内铅化学形态的影响[J]. 农业科技与装备，(4)：12-13，16.

蔡德龙，陈常友，小林均，2000. 硅肥对水稻镉吸收影响初探[J]. 地域研究与开发，**19**(4)：69-71.

曹清晨，娄玉霞，张元勋，等，2009. 同步辐射 XRF 和 XANES 研究重金属污染环境中小羽藓体内硫元素的生物指示作用[J]. 环境科学，**30**(12)：3663-3668.

陈桂芬，雷静，黄雁飞，等，2015. 广西稻田镉污染状况及硅对稻米镉的消减作用[J]. 南方农业学报，**46**(5)：772-776.

陈进红，张国平，毛国娟，等，2002. 硅对杂交粳稻干物质与养分积累及产量的影响[J]. 浙江大学学报：农业与生命科学版，**28**(1)：22-26.

陈同斌，黄泽春，黄宇营，等，2004. 蜈蚣草羽叶中砷及植物必需营养元素的分布特点[J]. 中国科学 C 辑，**34**(4)：304-309.

陈伟，蔡昆争，陈基宁，2012. 硅和干旱胁迫对水稻叶片光合特性和矿质养分吸收的影响[J]. 生态学报，**32**(8) ：2620-2628.

陈喆，铁柏清，雷鸣，等，2014. 施硅方式对稻米镉阻隔潜力研究[J]. 环境科学，**35**(7)：2762-2769.

戴培进，胡时有，周家武，等，2009. “大粒硅”肥对水稻的抗倒与增产效果初报[J]. 湖北农业科学，(4)：811-812，841.

戴伟民，张克勤，段彬伍，等，2005. 测定水稻硅含量的一种简易方法[J]. 中国水稻科学，**19**：460-462.

丁亨虎，刘章军，杨利，等，2015. 施硅对水稻生长发育及产量结构的影响[J]. 湖北农业科学，**54**(14)：3356-3360.

段海风，刘四喜，郭志强，等. 2012. 锰胁迫对商陆生长和吸收钙、镁、铁、锌二价离子的影响[J]. 湖南农业科学，(9)：71-74.

范锃岚，王玲，刘连盟，等，2012. 外源施硅对水稻抗纹枯病相关酶及酚类物质的影响[J]. 中国稻米，**18**(6)：14-17.

范锃岚，2012. 硅对不同抗感纹枯病水稻品种的生理生化和分子机制影响[D].

南宁：广西大学.
方长旬，王清水，余彦，等，2011. 硅及其吸收基因 Lsi1 调节水稻耐 UV-B 辐射的作用[J]. 作物学报，**37**(6)：1005-1011.
冯元琦，2000. 硅肥应成为我国农业发展中的新肥种[J]. 化肥工业，**27**(4)：9-11
甘秀芹，江立庚，徐建云，等，2004. 水稻的硅素积累与分配特性及其基因型差异[J]. 植物营养与肥料学报，**10**(5)：531-535.
高尔明，赵全志，1998. 水稻施用硅肥增产的生理效应研究[J]. 耕作与栽培，(5)：20-22.
葛少彬，刘敏，蔡昆争，等，2014a. 硅介导稻瘟病抗性的生理机理[J]. 中国农业科学，**47**(2)：240-251.
葛少彬，刘敏，骆世明，等，2014b. 硅和稻瘟病菌接种对水稻植株有机酸含量的影响[J]. 生态学杂志，**33**(11)：3002-3009.
龚金龙，胡雅杰，龙厚元，等，2012. 不同时期施硅对超级稻产量和硅素吸收、利用效率的影响[J]. 中国农业科学，**45**(8)：1475-1488.
顾明华，黎晓峰，2002. 硅对减轻水稻的铝胁迫效应及其机理研究[J]. 植物营养与肥料学报，**8**：360-366
顾松平，孙长波，姜龙，等，2012. 施用硅肥对水稻抗病增产的研究[J]. 大麦与谷类科学，**4**：29-30.
郭伟，朱永官，梁永超，等，2006. 土壤施硅对水稻吸收砷的影响[J]. 环境科学，**27**(7)：1393-1397.
韩兴华，王广龙，李德志，等，2006. 硅素在水稻上的增产机理、效果及应用[J]. 现代农业科技，(8)：94.
韩永强，2009. 硅介导的水稻对二化螟的抗性及二化螟越冬生物学的研究[D]. 北京：中国农业科学院.
韩永强，刘川，侯茂林，2010. 硅介导的水稻对二化螟幼虫钻蛀行为的影响[J]. 生态学报，**30**(21)：5967-5974.
侯绍春，2010. 水稻的硅素营养探讨[J]. 农技服务，**27**(7)：847-848.
胡定金，王富华，1995. 水稻硅素营养[J]. 湖北农业科学，(5)：5-8.
胡克伟，肇雪松，关连珠，等，2002. 稻土中硅磷元素的存在形态及其相互影响研究[J]. 土壤通报，**33**(4)：272-274.
胡蕾，施益华，刘鹏，等，2003. 锰对大豆膜脂过氧化及 POD 和 CAT 活性的影响研究[J]. 金华职业技术学院学报，**3**：29-32.
黄崇玲，雷静，顾明华，等，2013. 土施和喷施硅肥对镉污染农田水稻不同部位镉含量及富集的影响[J]. 西南农业学报，**26**(4)：1532-1535.
黄涓，柳赛花，纪雄辉，等，2014. 低镉胁迫下水稻幼苗硅-镉互作初步研究[J]. 作物研究，**28**(8)：876-880.
黄秋婵，黎晓峰，沈方科，等，2007. 硅对水稻幼苗镉的解毒作用及其机制研究[J]. 农业环境科学学报，**26**(4)：1307-1311.
黄秋蝉，韦友欢，韦良兴，等，2008. 硅对镉胁迫下水稻幼苗培养液指标及其生物量的影响[J]. 湖北农业科学，**47**(6)：639-642.
黄秋婵，许元明，曾振芳，等，2013. 硅对镉胁迫下水稻幼苗茎叶元素含量的影响[J]. 湖北农业科学，**52**(11)：2489-2491，2495.
黄益宗，张文强，招礼军，等，2009. Si 对盐胁迫下水稻根系活力、丙二醛和营养元素含量的影响[J]. 生态毒理学报，**4**(6)：860-866.
黄益宗，石孟春，招礼军，2010. 水稻根系吸收砷的动力学特征及硅的缓解机制[J]. 生态毒理学报，**5**(3)：433-438.
黄泽春，陈同斌，雷梅，等，2003. 砷超富集植物中砷化学形态及其转化的 EXAFS 研究[J]. 中国科学 C 辑，**33**(6)：488-494.
江立庚，曹卫星，甘秀芹，等，2004a. 水稻氮素吸收、利用与硅素营养的关系[J]. 中国农业科学，**37**(5)：648-655.
江立庚，甘秀芹，韦善清，等，2004b. 水稻物质生产与氮、磷、钾、硅素积累特点及其相互关系[J]. 应用生态学报，**15**(2)：226-230.
靳鹏，黄立钰，王迪，等，2009. 水稻 AP2/EREBP 转录因子响应非生物胁迫的表达谱分析[J]. 中国农业科学，**42**：3765-3773.
柯玉诗，黄小红，张壮塔，等，1997. 硅肥对水稻氮磷钾营养的影响及增产原因分析[J]. 广东农业科学，(5)：25-27.
雷雨，黄云，杜晓宇，等，2009. 增施硅肥对水稻抗稻瘟病的效果分析[J]. 安徽农业科学，**37**(23)：11044-11046，11066.
黎晓峰，顾明华，路申年，等，1996. 铅对水稻锰毒拮抗效应及对稻体营养的处理初报[J]. 广西农大学报，**15**：306-308.
李发林，1997. 硅肥的功效及施用技术[J]. 云南农业，(9)：16.
李合生，孙群，赵世杰，等，2000. 植物生理生化实验原理和技术. 北京：高等教育出版社：134-138.
李懋，2014. 硅和秸秆施用对水稻响应旱改水和砷胁迫的影响[D]. 武汉：华中农业大学.
李明，王根轩，2002. 干旱胁迫对甘草幼苗保护酶活性及脂质过氧化作用的影响[J]. 生态学报，**22**：503-507.

李萍，宋阿琳，李兆君，等，2011. 硅对过量锰胁迫下水稻根系抗氧化系统和膜脂质过氧化作用的调控机理[J]. 环境科学学报，**31**(7)：1542-1549.

李萍，宋阿琳，李兆君，等，2015. 硅对锰胁迫下水稻吸收矿质元素的影响[J]. 环境科学学报，**35**(10)：3390-3398.

李仁英，李苏霞，谢晓金，等，2015. 施硅期对砷污染土中水稻体内磷砷含量与分布的影响[J]. 生态环境学报，**24**(6)：1050-1056.

李仁英，沈孝辉，谢晓金，等，2014. 施硅对土壤-水稻系统中磷迁移的影响[J]. 土壤学报，**51**(2)：423-427.

李卫国，任永玲，2001. 氮、磷、钾、硅肥配施对水稻产量及其构成因素的影响[J]. 山西农业科学，**29**(1)：53-58.

李文彬，王贺，张福锁，2005. 高温胁迫条件下硅对水稻花药开裂及授粉量的影响[J]. 作物学报，**31**：134-136.

李晓艳，2013. 不同吸硅型植物硅同位素组成和营养元素分布特征[D]. 杭州：浙江大学：43-51.

李亚超，马坤伟，徐媛，2015. 硅肥对水稻产量及农艺性状的影响[J]. 耕作与栽培，(02)：10-11.

李玉影，刘颖，刘双全，等，2009. 黑龙江省水稻硅肥效果研究[J]. 黑龙江农业科学，(3)：60-63.

李玉影，刘颖，刘双全，等，2010. 铁锰胁迫条件下水稻硅肥效果研究[C]. 中国植物营养与肥料学会 2010 年学术年会论文集.

李忠良，2004. 雷山县水稻施硅同田对比试验[J]. 植物医生，**17**(3)：30-31.

梁永超，张永春，马同生，1993. 植物的硅素营养[J]. 土壤学进展，**21**(3)：7-14.

廖俊峰，2011. 富硅改良剂治理砷污染水稻田的试验[J]. 广州环境科学，**26**(3)：41-44，47.

林雄，2010. 硅对水稻茎秆强度的影响[D]. 成都：四川农业大学.

刘俊渤，常海波，马景勇，等，2012. 纳米 SiO_2 对水稻稻瘟病的抗病效应及对水稻生长发育的影响[J]. 吉林农业大学学报，**34**(2)：157-161，165.

刘俊渤，高臣，高杰，等，2013. 硅对稻瘟病菌侵染下水稻叶片超微结构的影响[J]. 华南农业大学学报，**33**(1)：40-43.

刘明达，2002. 水稻土供硅能力评价方法及水稻硅素肥料效应的研究[D]. 沈阳：沈阳农业大学土地与环境学院.

刘鸣达，王丽丽，李艳利，2010. 镉胁迫下硅对水稻生物量及生理特性的影响[J]. 中国农学通报，**26**(13)：187-190.

刘平，何继英，贺宁，等，1987. 硅浓度对水稻生长、含水量、根冠比和过氧化物酶活性的影响[J]. 贵州农业科学，(3)：6-9.

刘鑫，朱端卫，雷宏军，等，2003. 酸性土壤活性锰与 pH、Eh 关系及其生物反应[J]. 植物营养与肥料学报，(9)：317-323.

刘学军，1997. 不同水分状况对水稻吸锰及土壤有效锰的影响. 迈向 21 世纪的土壤与植物营养科学[M]. 北京：中国农业出版社：403-405.

刘学军，吕世华，张福锁，等，1997. 土壤中锰的化学行为及其生物有效性 I 土壤中锰的化学行为及其影响因素[J]. 土壤农化通报，(12)：41-47.

刘贞琦，刘振业，曾淑芬，等，1982. 水稻某些光合生理特性的研究[J]. 中国农业科学，(5)：33-39.

刘振业，刘振琦，赵玫，等，1984. 水稻净光合速率(Pn)的遗传研究. [J]. 种子，(2)：14-16.

刘铮，1991. 土壤与植物中锰的研究进展[J]. 土壤学进展，(6)：1-10.

娄玉霞，张元勋，俞鹰浩，等，2011. 基于同步辐射光源的 X 射线荧光分析技术研究匐枝青藓对铅污染的生物响应[J]. 环境科学学报，**31**(1)：193-198.

卢维盛，李华兴，刘远金，2002. 施硅对水稻产量和稻米品质的影响[J]. 华南农业大学学报，**23**(1)：92.

卢志红，谭雪明，朱美英，等，2013. 硫硅配施对土壤铜形态和水稻吸收铜的影响[J]. 农业环境科学学报，**32**(9)：1806-1813.

路运才，王淼，杜景红，等，2014. 外源硅对低温胁迫下水稻幼苗生长的影响及其生理机制[J]. 安徽农学通报，**20**(22)：42-43,58.

马同生，张永春，陈兴华，等，1994. 水稻与小麦吸硅规律与硅肥应用[J]. 植物营养与肥料学报，(1)：104-108.

Marschner H，2001. 高等植物的矿质营养 [M]. 李春俭，译. 北京：中国农业大学出版社：289-306.

毛振强，杨建堂，魏义长，等，1999. 沿黄稻区水稻硅素营养特点的研究[J]. 河南农业科学，(6)：22-24.

孟艳，娄运生，吴蕾，等，2015. UV-B 增强下施硅对水稻生长及 CH_4 排放的影响[J]. 应用生态学报，**26**(1)：25-31.

明东风，袁红梅，王玉海，等，2012. 水分胁迫下硅对水稻苗期根系生理生化性状的影响[J]. 中国农业科学，**45**(12)：2510-2519.

明东风，2012. 硅对水分胁迫下水稻生理生化特性、亚显微结构及相关基因表达的调控机制研究[D]. 杭州：浙江大学.

倪玲飞，2014. 硅缓解水稻幼苗铜毒性及水稻根锑毒性的机制研究[D]. 南京：南京师范大学.

庞晓斌，毛新国，景蕊莲，等，2007. 小麦幼苗水分胁迫应答基因表达谱分析[J]. 作物学报，**33**：333-336.

戚乐磊，陈阳，贾恢先，2002. 盐胁迫下有机及无机硅对水稻种子萌发的影响[J]. 甘肃农业大学学报，**37**(3)：272-278.

秦淑琴，黄庆辉，1997. 硅对水稻吸收镉的影响[J]. 新疆环境保护，**19**(3)：51- 52.

秦遂初，马国瑞，1983. 水稻生产中的硅. 孙羲. 土壤养分、植物营养与合理施肥—中国土壤学会农业化学专业会议论文选集[M]. 北京：农业出版社：152-162.

瞿廷广，施正连，丁江妹，2003. 硅肥对直播水稻的抗逆性和产量的影响[J]. 土壤肥料，(5)：26-28.

饶立华，金承焕，龚兰，等，1981. 硅对水稻的生理效应[J]. 浙江农业大学学报，**7**(3)：35-50.

饶立华，覃连祥，朱玉贤，等，1986. 硅对杂交水稻形态结构和生理的效应[J]. 植物生理学通讯，**3**：20-24.

阮洪家，胡敬年，叶为发，等，2015. 施用硅肥对水稻生育特性及产量的影响[J]. 现代农业科技，(3)：9-10.

商全玉，张文忠，韩亚东，等，2009. 硅肥对北方粳稻产量和品质的影响[J]. 中国水稻科学，**23**(6)：661-664.

施爱枝，2014. 硅肥在水稻上的增产效果与用量研究[J]. 安徽农学通报，**20**(07)：46-47.

施益华，刘鹏，2003. 锰在植物体内生理功能研究进展[J]. 江西林业科技，(2)：26-28.

石孟春，2008. 硅对水稻吸收与毒害的影响效应研究[D]. 南宁：广西大学.

史庆华，朱祝军，应泉盛，等，2005. 不同光强下高锰对黄瓜光合作用特性的影响[J]. 应用生态学报，**16**：1047-1050.

史新慧，王贺，张福锁，2006. 硅提高水稻抗镉毒害机制的研究[J]. 农业环境科学学报，**25**(5)：1112-1116

水茂兴，陈德富，秦遂初，等，1999. 水稻新嫩组织的硅质化及其与稻瘟病抗性的关系[J]. 植物营养与肥料学报，**5**(4)：352-358.

宋合林，刘兵，崔占文，等，2009. 不同生育时期施用硅肥对水稻产量的影响[J]. 现代化农业，(09)：18.

孙万春，薛高峰，张杰，等，2009. 硅对水稻防御性关键酶活性的影响及其与抗稻瘟病的关系[J]. 植物营养与肥料学报，**15**(5)：1023-1028.

孙岩，韩颖，李军，等，2013. 硅对镉胁迫下水稻生物量及镉的化学形态的影响[J]. 西南农业学报，**26**(3)：1240-1244.

孙宇，薛培英，陈苗，等，2015. 生长介质中硅/砷比对水稻吸收和转运砷的影响[J]. 水土保持学报，**29**(4)：148-152，206.

唐旭，郑毅，汤利，等，2006. 不同品种间作条件下的氮硅营养对水稻稻瘟病发生的影响[J]. 中国水稻科学，**20**(6)：663-666.

田福平，陈子萱，张自和，等，2007. 硅对植物抗逆性作用的研究[J]. 中国土壤与肥料，(3)：10-14.

童蕴慧，徐敬友，潘学彪，等，2000. 水稻植株对纹枯病菌侵染反应及其机理的初步研究[J]. 江苏农业研究，(4)：45-47.

汪传炳，茅国芳，姜忠涛，1999. 上海地区水稻硅素营养状况及硅肥效应[J]. 上海农业学报，(03)：65-69.

汪耀富，杨天旭，刘国顺，等，2007. 渗透胁迫下烟草叶片基因的差异表达研究[J]. 作物学报，**33**：914-920.

王飞军，林亚芬，庄亚其，等，2014. 硅肥用量对水稻生长发育及产量的影响[J]. 浙江农业科学，(4)：469-471.

王敬国，1995. 植物营养的土壤化学[M]. 北京：北京农业大学出版社：174.

王曼玲，Rocha P，李落叶，等，2009. 应用基因表达芯片分析水稻高温胁迫相关基因[J]. 生物技术通报，(10)：92-97.

王世华，罗群胜，刘传平，等，2007. 叶面施硅对水稻籽实重金属积累的抑制效应[J]. 生态环境，**16**(3)：875-878.

王世华，高双成，胥华伟，等，2013. 纳米硅对 Cd 胁迫下水稻幼苗 γ— ECS 基因表达的影响[J]. 西南农业学报，**26**(3)：850-853.

王显，张国良，霍中洋，等，2010. 氮硅配施对水稻叶片光合作用和氮代谢酶活性的影响[J]. 扬州大学学报(农业与生命科学版)，**31**(3)：44-49.

王永锐，陈平，1996. 水稻对硒吸收、分布及硒与硅共施效应[J]. 植物生理学报，(4)：344-348.

王远敏，2007. 硅对水稻生长发育及产量品质的影响研究[D]. 重庆：西南大学：15-28.

韦克苏，程方民，董海涛，等，2010. 水稻胚乳贮藏物代谢相关基因响应花后高温胁迫的微阵列分析[J]. 中国农业科学，**43**：1-11.

魏朝富，谢德体，杨剑红，等，1997. 氮钾硅肥配施对水稻产量和养分吸收的影响[J]. 土壤通报，**28**(3)：121-123.

文春波，高红莉，蔡德龙，等，2003. 水稻施用硅肥研究综述[J]. 地域研究与开发，**22**(3)：79-83.

吴晨阳，陈丹，罗海伟，等，2013. 外源硅对花期高温胁迫下杂交水稻授粉结实特性的影响[J]. 应用生态学报，**24**(11)：3113-3122.

吴海兵，申建宁，胡珊珊，2014. 硅肥对寒地水稻植株性状及产量的影响[J]. 北方水稻，**44**(6)：12-15.

吴季荣，龚俊义，2010. 水稻硅营养的研究进展[J]. 中国稻米，**16**(3)：5-8.

吴蕾，娄运生，孟艳，等，2015. UV-B 增强下施硅对水稻抽穗期生理特性日变化的影响[J]. 应用生态学报，**26**(1)：32-38.

吴英，魏丹，高洪生，1992. 硅在水稻营养中的作用及其有效条件的研究[J]. 土壤肥料，(3)：25-27.

向猛，黄益宗，蔡立群，等，2014. 水稻吸收积累硅和锑的相互影响水培试验研究[J]. 农业环境科学学报，**33**(11)：2090-2097.

邢雪荣，张蕾，1998. 植物的硅素营养研究综述[J]. 植物学通报，(02)：33-40.

徐芬芬，杜佳朋，2013. 硅对水稻幼苗铝毒的缓解效应[J]. 杂交水稻，**28**(6)：73-75.

徐根娣，孙和和，刘鹏，等，2006. 大豆过氧化物酶和酯酶同工酶对锰胁迫的反应[J]. 浙江师范大学学报(自然科学版)，**29**：195-200.

徐宏书，高臣，刘俊渤，等，2010. 二氧化硅溶胶制剂对水稻增产的生理效应研究[J]. 中国土壤与肥料，(2)：59-62.

徐向华，施积炎，陈新才，等，2008. 锰在商陆叶片的细胞分布及化学形态分析[J]. 农业环境科学学报，**27**(2)：515-520.

许州达，景蕊莲，甘强，等，2007. 用水稻基因芯片筛选小麦耐旱相关基因[J]. 农业生物技术学报，**15**：821-827.

薛高峰，宋阿琳，孙万春，等，2010a. 硅对水稻叶片抗氧化酶活性的影响及其与白叶枯病抗性的关系[J]. 植物营养与肥料学报，**16**(3)：591-597.

薛高峰，孙万春，宋阿琳，等，2010b. 硅对水稻生长、白叶枯病抗性及病程相关蛋白活性的影响[J]. 中国农业科学，**43**(4)：690-697.

杨建堂，高尔明，霍晓婷，等，2000. 沿黄稻区水稻硅素吸收、分配特点研究[J]. 河南农业大学学报，**34**(1)：37-42.

杨利，马朝红，范先鹏，等，2009. 硅对水稻生长发育的影响[J]. 湖北农业科学，**48**：90-91.

仰海洲，王升，叶仁宏，等，2014. 高效硅肥对水稻养分吸收的影响及增产效果[J]. 大麦与谷类学报，(3)：41-44.

叶利民，2012. 硅对盐胁迫下水稻幼苗保护酶活性和离子吸收的影响[J]. 吉林农业科学，**37**(3)：22-24.

余跑兰，肖小军，陈燕，等，2015. 硅肥对早稻群体生产力和镉吸收的影响[J]. 中国稻米，**21**(4)：135-137.

俞慧娜，徐根娣，杨卫韵，等，2005. 锰处理对大豆生理特性的影响[J]. 河南农业科学，**7**：35-38

袁可能，1983. 植物营养元素的土壤化学[M]. 北京：科学出版社：538.

臧小平，1999. 土壤锰毒与植物锰的毒害[J]. 土壤通报，**30**：139-141.

曾琦，耿明建，张志江，等，2004. 锰毒害对油菜苗期 Mn、Ca 、Fe 含量及 POD、CAT 活性的影响[J]. 华中农业大学学报，**23**：300-303.

张翠珍，邵长泉，孟凯，等，2003. 水稻吸硅特点及硅肥效应研究[J]. 莱阳农学院学报，**20**(2) ：111-113.

张翠翠，常介田，高素玲，等，2012. 硅处理对镉锌胁迫下水稻产量及植株生理特性的影响[J]. 核农学报，**26**(6)：936-941.

张福锁，1993. 植物营养生态生理学和遗传学[M]. 北京:中国科学技术出版社.

张国良，戴其根，周青，等，2004. 硅肥对水稻群体质量及产量影响研究[J]. 中国农学通报，(4)：114-117.

张国良，戴其根，张洪程，2006. 施硅增强水稻对纹枯病的抗性[J]. 植物生理与分子生物学学报，**32**(5)：600-606.

张国良，戴其根，王建武，等，2007. 施硅量对粳稻品种武育粳 3 号产量和品质的影响[J]. 中国水稻科学，**21**(3)：299-303.

张国良，戴其根，霍中洋，等，2008. 外源硅对纹枯病菌(Rhizoctonia solani)侵染下水稻叶片光合功能的改善[J]. 生态学报，**28**(10)：4881-4890.

张国良，2009. 施硅增强水稻对纹枯病抗性的机制研究[D]. 扬州:扬州大学.

张国良，丁原，王清清，等，2010. 硅对水稻几丁质酶和 β-1,3-葡聚糖酶活性的影响及其与抗纹枯病的关系[J]. 植物营养与肥料学报，**16**(3)：598-604.

张佳，李军，董善辉，等，2009. 硅对外源镉在水稻籽实中积累及水稻产量的影响 [J]. 沈阳农业大学学报，**40**：224-226.

张磊，陈雪丽，常本超，等，2014a. 高效硅肥在水稻上的应用效果研究[J]. 黑龙江农业科学，(12)：43-45.

张磊，陈雪丽，李伟群，等，2014b. 叶喷式高效硅肥对水稻产量和品质的影响[J]. 现代化农业，(14)：12-13.

张伟锋，王鸿博，1997. 硅和铬(Ⅲ)对水稻种子萌发及幼苗生长的影响[J]. 仲恺农业技术学院学报，**10**(1)：29-35.

张文强，黄益宗，招礼军，等，2009a. 盐胁迫下外源硅对硅突变体与野生型水稻种子萌发的影响[J]. 生态毒理学报，**4**(6)：867-873.

张文强，黄益宗，招礼军，2009b. 盐胁迫下外源硅对硅突变体和野生型水稻生物量与营养元素含量的影响[J]. 现代农业科学，**16**(3)：24-28.

张学军，冯卫东，宋德印，等，2000. 施用硅钙磷肥对水稻生长、产量及品质的研究初报[J]. 宁夏农业科技，(1)：37-38.

张跃芳，张超英，1999. 硅在水稻花药培养中的作用研究[J]. 绵阳高等专科学校学报，**16**(2)：11-13.

张振云，2010. 水稻硅素失调症及防治技术探讨[J]. 河北农业科学，**14**(4)：62-63.

张子佳，王迪，傅彬英，2008. 水稻转录因子 bHLH 家族基因响应环境胁迫表达谱分析[J]. 分子植物育种，**6**：425-431.

赵红，罗朝晖，夏瑾华，等，2010. 硅、铜对水稻种子萌发及幼苗生长发育的影响[J]. 湖南农业科学，(21)：48-49，52.

赵颖，李军，2010. 硅对水稻吸收镉的影响[J]. 东北农业大学学报，**41**(3)：59-64.

郑爱珍，任雪平，2004. 硅在水稻生理中的作用[J]. 农业与技术，**24**(1)：50-52.

周成河，2005. 硅肥对水稻生长的影响[J]. 安徽农业科学，**33**(11)：2026.

周青，潘国庆，施作家，等，2001. 不同时期施用硅肥对水稻群体质量及产量的影响[J]. 耕作与栽培，(3)：25-27.

朱小平，王义炳，李家全，等，1995. 水稻硅素营养特性的研究[J]. 土壤通报，**26**(5)：232-233.

Aebi H，1984. Catalase in vitro [J]. *Methods in Enzymology*，**105**：21-26.

Agarie S，Uchida H，Agata W，*et al*，1998. Effects of silicon on transpiration and leaf conductance in rice plants (*Oryza sativa* L.) [J]. *Plant Production Science*，**1**(2)：89-95.

Agarwal M，Hao Y，Kapoor A，*et al*，2006. A R2R3 type MYB transcription factor is involved in the cold regulation of CBF genes and in acquired freezing tolerance [J]. *Journal of Biological Chemistry*，**281**(49)：

37636-37645.

Akio M, Hiromi Y, Maryam R I, *et al*, 2006. Changes in peroxidase activity and lignin content of cultured tea cells in response to excess manganese [J]. *Soil Science and Plant Nutrition*, **52**(1): 26-31.

Alam S, Rhanman M H, Kamei S, *et al*, 2002. Alleviation of manganese toxicity and manganese-induced iron deficiency in barley by additional potassium supply in nutrient solution [J]. *Soil Science and Plant Nutrition*, **48**(3): 387-392.

Alam S, Kamei S, Kwaai S, 2003. Amelioration of manganese toxicity in young rice seedlings with potassium [J]. *Journal of Plant Nutrition*, **26**(6): 1301-1304.

Ali S, Farooq M A, Yasmeen T, *et al*, 2013. The influence of silicon on barley growth, photosynthesis and ultra-structure under chromium stress [J]. *Ecotoxicology and Environmental Safety*, **89**: 66-72.

Ananyev G M, Zaltsman L, Vasko C, *et al*, 2001. The inorganic biochemistry of photosynthetic oxygen evolution/water oxidation [J]. *Biochimica et Biophysica Acta*, **1503**: 52-68.

Audic S, Claverie J M, 1997. The significance of digital gene expression profiles [J]. *Genome Research*, (7): 986-995.

Banerjee S, Goswami R, 2010. GST profile expression study in some selected plants: in silico approach [J]. *Molecular and Cellular Biology*, **336**: 109-126.

Baker A J M, 1987. Metal tolerance [J]. *New phytology*, **106**: 93-111.

Beauchmap E G, Rossi N, 1972. Effects of Mn and Fe supply on the growth of barley in nutrient solution [J]. *Canadian Journal of Plant Science*, **52**(4): 575-581.

Benjamini Y, Yekutieli D, 2001. The control of the false discovery rate in multiple testing under dependency [J]. *The Annals of Statistics*, **29**: 1165-1188.

Bidwell S D, Woodrow I E, Batianoff G N, *et al*, 2002. Hyperaccumulation of manganese in the rainforest tree *Austromyrtus bidwillii* (Myrtaeeae) from Queensland, Australia [J]. *Functional plant Biology*, **29**(7): 899-905.

Bogdan K, Schenk M K, 2008. Arsenic in rice (*Oryza sativa* L.) related to dynamics of arsenic and silicic acid in paddy soils [J]. *Environmental Science and Technology*, **42**(21): 7885-7890.

Bokor B, Vaculik M, Slováková L, *et al*, 2014. Silicon does not always mitigate zinc toxicity in maize [J]. *Acta Physiologiae Plantarum*, **36**: 733-743.

Bondarava N, Beyer P, Krieger-Liszkay A, 2005. Function of the 23 kDa extrinsic protein of Photosystem Ⅱ as a manganese binding protein and its role in photoactivation [J]. *Biochimica et Biophysica Acta*, **1708**: 63-70.

Bowen J E, 1972. Manganese-silicon interaction and its effect on growth of Sudangrass [J]. *Plant and Soil*, **37**: 577-588.

Bradford M M, 1976. A rapid and sensitive method for the quantification of microgram quantities of protein utilizing the principle of protein-dye binding [J]. *Analytical Biochemistry*, **72**: 248-254.

Cailliatte R, Schikora A, Briat J F, *et al*, 2010. High-affinity manganese uptake by the metal transporter NRAMP1 is wssential for *Arabidopsis* growth in low manganese conditions [J]. *Plant Cell*, **22**: 904-917.

Chakrabarty D, Trivedi P K, Misra P, *et al*, 2009. Comparative transcriptome analysis of arsenate and arsenite stresses in rice seedlings [J]. *Chemosphere*, **74**: 688-702.

Chang S J, Zeng D D, Li C C, 2002. Effect of silicon nutrient on bacterial blight resistance of rice (*Oryza sativa* L.) [A]. Abstract of Second Silicon in Agriculture Conference [C]. Kyoto, Japan: Kyoto University: 31-33.

Chen J H, Mao G J, Zhang G P, *et al*, 2002. Effects of silicon on dry matter and nutrient accumulation and grain yield in hybrid Japonica rice (*Oryza sativa* L.) [J]. *Journal of Zhejiang University (Agriculture and Life Sciences)*, **28**(1): 22-26.

Chen Y H, Yang X Y, He K, *et al*, 2006. The MYB transcription factor superfamily of *Arabidopsis*: expression analysis and phylogenetic comparison with the rice MYB family [J]. *Plant Molecular Biology*, **60**: 107-124.

Chen W, Yao X Q, Cai K Z, *et al*, 2011. Silicon alleviates drought stress of rice plants by improving plant water status, photosynthesis and mineral nutrient absorption [J]. *Biological Trace Element Research*, **142**(1): 67-76.

Clairmont K B, Hagar W G, Davis E A, 1986. Manganese toxicity to chlorophyll synthesis in tobacco callus [J]. *Plant Physiology*, **80**: 291- 293.

Clark R B, Pier P A, Knudsen D, *et al*, 1981. Effect of trace element deficiencies and excesses on mineral nutrients in sorghum [J]. *Journal of Plant Nutrition*, **3**(1-4): 357-374.

ConlinT S S, Crowder A A, 1989. Location of radial oxygen loss and zones of potential in iron uptake in a grass and two non-grass emergent species [J]. *Canadian Journal of Botany-Revue Canadienne de Botanique*, **67**: 717-722.

Csatorday K, Gombos Z, Szalontai B, 1984. Mn^{2+} and Co^{2+} toxicity in chlorophyll biosynthesis [J]. *Proceedings of the National Academy of Sciences of the United States of America*, **81**(2): 476-478.

Cunha K P V, Clístenes W A do N, Silval A J, 2008. Silicon alleviates the toxicity of cadmium and zinc for maize (*Zea mays* L.) grown on a contaminated soil [J]. *Journal of Plant Nutrition and Soil Science*, **171**: 849-853.

Dai W M, Zhang K Q, Duan B W, *et al*, 2005. Genetic dissection of silicon content in different organs of rice [J]. *Crop Science*, **45**(4): 1345-1352.

Dai X Y, Xu Y Y, Ma Q B, *et al*, 2007. Overexpression of a R1R2R3 MYB Gene, OsMYB3R-2, increases tolerance to freezing, drought, and salt stress in transgenic *Arabidopsis* [J]. *Plant Physiology*, **143**: 1-13.

Dallagnol L J, Rodrigues F, Mielli M V B, *et al*, 2009. Defective active silicon uptake affects some components of rice resistance to brown spot [J]. *Phytopathology*, **99**: 116-121.

Datnoff L E, Snyder G H, Raid R N, *et al*, 1991. Effect of calcium silicate on blast and brown spot intensities and yields of rice [J]. *Plant Disease*, **75**(7): 729-732.

Davey M W, Montagu M V, Inzé D, *et al*, 2000. Plant-ascorbic acid: chemistry, function, metabolism, bioavailability and effects of processing [J]. *Journal of the Science of Food and Agriculture*, **80**: 825-860.

Delhaize E, Kataoka T, Hebb D M, *et al*, 2003. Genes encoding proteins of the cation diffusion facilitator family that confer manganese tolerance [J]. *The Plant Cell*, **15**: 1131-1142.

Demirevska-Kepova K, Simova-Stoilova L, Stoyanova Z, *et al*, 2004. Biochemical changes in barley plants after excess supply of copper and manganese [J]. *Environmental and Experimental Botany*, **52**: 253-266.

Deren C W, 1997. Changes in nitrogen and phosphorus concentrations of silicon-fertilized rice grown on organic soil[J]. *Journal of Plant Nutrition*,

20: 765-771.

Detmann KC, Araújo L, Martins S C V, *et al*, 2012. Silicon nutrition increases grain yield, which, in turn, exerts a feed-forward stimulation of photosynthetic rates via enhanced mesophyll conductance and alters primary metabolism in rice[J]. *New Phytologist*, **196**(3): 752-762.

Devaiah B N, Karthikeyan A S, Raghothama K G, 2007. WRKY75 transcription factor is a modulator of phosphate acquisition and root development in *Arabidopsis* [J]. *Plant Physiology*, **43**: 1789-1801.

Domiciano G P, Cacique I S, Chagas Freitas C, *et al*, 2015. Alterations in gas exchange and oxidative metabolism in rice leaves infected by *pyricularia oryzae* are attenuated by silicon [J]. *Phytopathology*, **105**(6): 738-747.

Doncheva S N, Amenós M, Poschenrieder C, *et al*, 2005. Root cell patterning: a primary target for aluminium toxicity in maize [J]. *Journal of Experimental Botany*, **56**(414): 1213-1220.

Doncheva S N, Poschenriederb C, Stoyanovaa Z L, *et al*, 2009. Silicon amelioration of manganese toxicity in Mn-sensitive and Mn-tolerant maize varieties [J]. *Environmental and Experimental Botany*, **65**: 189-197.

Dragišić Maksimović J, Bogdanović J, Maksimović V, *et al*, 2007. Silicon modulates the metabolism and utilization of phenolic compounds in cucumber (*Cucumis sativus* L.) grown at excess manganese [J]. *Journal of Plant Nutrition and Soil Science*, **170**(6): 739-744.

Dravé E H, Laugé G, 1978. Etude de l'action de la silice sur l'usure des mandibules de la pyrale du riz: Chilo suppressalis (F. Walker) (Lep. *Pyralidae Crambinae*) [J]. *Bulletin de la Societe Entomologique de France*, **83**: 159-162.

Dufey I, Gheysens S, Ingabire A, *et al*, 2014. Silicon application in cultivated rices (*Oryza sativa* L and *Oryza glaberrima* Steud) alleviates iron toxicity symptoms through the reduction in iron concentration in the leaf tissue [J]. *Journal of Agronomy and Crop Science*, **200**(2): 132-142.

EI-Jaoual T, Cox DA, 1998. Manganese toxicity in plants [J]. *Journal of Plant Nutrition*, **24**: 353-386.

Epstein E, 1994. The anomaly of silicon in plant biology [J]. *Proceedings of the National Academy of Sciences of the United States of America*, **91**(1): 11-17.

Fecht-Christoffers M M, Braun H P, Lemaitre-Guillier C, 2003a. Effect of manganese toxicity on the proteome of the leaf apoplast in cowpea [J]. *Plant Physiology*, **133**: 1935-1946.

Fecht-Christoffers M M, Maier P, Horst W J, 2003b. Apoplastic peroxidases and ascorbate are involved in manganese toxicity and tolerance of *Vigna unguiculata* [J]. *Plant Physiology*, **117**: 237-244.

Fecht-Christoffers M M, Führs H, Braun H P, *et al*, 2006. The role of hydrogen peroxide-producing and hydrogen peroxide-consuming peroxidases in the leaf apoplast of cowpea in manganese tolerance[J]. *Plant Physiology*, **140**: 1451-1463.

Feng J P, Shi Q H, Wang X F, 2009. Effects of exogenous silicon on photosynthetic capacity and antioxidant enzyme activities in chloroplast of cucumber seedlings under excess manganese [J]. *Agricultural Sciences in China*, **8**(1): 40-50.

Fernando C L, Miguel G T, 2000a. Oxy radicals production and control in the chloroplast of Mn-treated rice [J]. *Plant Science*, **152**: 7-15.

Fernando C L, Miguel G T, 2000b. Rice tolerance to excess Mn: Implications in the chloroplast lamellae and synthesis of a novel Mn protein [J]. *Plant Physiology and Biochemistry*, **38**: 969-978.

Ferreira K N, Iverson T M, Maghlaoui K, *et al*, 2004. Architecture of the photosynthetic oxygen-evolving center [J]. *Science*, **303**: 1831-1838.

Fleck A T, Nye T, Repenning C, *et al*, 2011. Silicon enhances suberization and lignification in roots of rice (*Oryza sativa*) [J]. *Journal of Experimental Botany*, **62**(6): 2001-2011.

Foy C D, Chaney R L, White M C, 1978. The physiology of metal toxicity in plants [J]. *Annual Review of Plant Physiology*, **29**: 511-566.

Foy C D, 1984. Physiological effects of hydrogen, aluminum and manganese toxicities in acid soils. 2nd Edition. In: Fred Adams (ed.) [M]. *Soil Acidity and Liming*: 57-97.

Foy C D, Scott B J, Fisher J A, 1988. Genetic differences in plant tolerance to manganese toxicity. In: Graham R D, Hannam R J, Uren N C, editors. Manganese in soils and plant [M]. Dordrecht: Kluwer Academic Publishers: 293-307.

Foy C D, de Paula J C, Centeno J A, *et al*, 1999. Electron paramagnetic resonance studies of manganese toxicity, tolerance, and amelioration with silicon in snapbean [J]. *Journal of Plant Nutrition*, **22**(4-5): 769-782.

Fu Y Q, Shen H, Wu D M, *et al*, 2012. Silicon-mediated amelioration of Fe^{2+} toxicity in rice (*Oryza sativa* L.) roots [J]. *Pedosphere*, **22**:795-802.

Führs H, Hartwig M, Molina L E B, *et al*, 2008. Early manganese-toxicity response in *Vigna unguiculata* L. -a proteomic and transcriptomic study [J]. *Proteomics*, **8**: 149-159.

Führs H, Göze S, Specht A, *et al*, 2009. Characterization of leaf apoplastic peroxidases and metabolites in *Vigna unguiculata* in response to toxic manganese supply and silicon [J]. *Journal of Experimental Botany*, **60**(6): 1663-1678.

Führs H, Specht A, Erban A, *et al*, 2012. Functional associations between the metabolome and manganese tolerance in *Vigna unguiculata* [J]. *Journal of Experimental Botany*, **63**(1): 329-340.

Galvez L, Clark R B, Gourley L M, *et al*, 1989. Effects of silicon on mineral composition of sorghum grown with excess manganese [J]. *Journal of Plant Nutrition*, **12**(5): 547-561.

Gao D, Cai K Z, Chen J N, *et al*, 2011. Silicon enhances photochemical effi ciency and adjusts mineral nutrient absorption in *Magnaporthe oryzae* infected rice plants [J]. *Acta Physiologiae Plantarum*, **33**(3): 675-682.

Gao X, Zou C, Wang L, *et al*, 2006. Silicon decreases transpiration rate and conductance from stomata of maize plants [J]. *Journal of Plant Nutrition*, **29**: 1637-1647.

Giannopolitis C N, Ries S K, 1977. Superoxide dismutase I. Occurrence in higher plants [J]. *Plant Physiology*, **59**: 309-314.

Gong H J, Randall D P, Flowers T J, 2006. Silicon deposition in the root reduces sodium uptake in rice (Oryza sativa L.) seedlings by reducing bypass flow[J]. *Plant Cell and Environment*, **29**:1970-1979.

González A, Lynch J P, 1997. Effects of manganese toxicity on leaf CO_2 assimilation of contrasting common bean genotypes [J]. *Physiologia Plantarum*, **101**: 872-880.

González A, Steffen K L, Lynch J P, 1998. Light and excess manganese. Implications for oxidative stress in common bean [J]. *Plant Physiology*, **118**: 493-504.

González A, Lynch J P, 1999. Subcellular and tissue Mn compartmentation in bean leaves under Mn toxicity stress [J]. *Australian Journal of Plant Physiology*, **26**(8): 811-822.

Goto M, Ehara H, Karita S, *et al*, 2003. Protective effect of silicon on phenolic biosynthesis and ultraviolet spectral stress in rice crop [J]. *Plant Science*, **164**: 349-356.

Goussain M M, Moraes J C, Carvalho J G, *et al*, 2002. Efeito da aplicacao de silicio em plantas de milho no desenvolvimento biologico da lagarta-do-cartucho *Spodoptera frugiperda* (J. E. Smith) (Lepidoptera: Noctuidae) [J]. *Neotropical Entomology*, **31**(2):305-310.

Gu H H, Qiu H, Tian T, *et al*, 2011a. Mitigation effects of silicon rich amendments on heavy metal accumulation in rice (*Oryza sativa* L.) planted on multi-metal contaminated acidic soil [J]. *Chemosphere*, **83**: 1234-1240.

Gu H H, Zhan S S, Wang S Z, *et al*, 2011b. Silicon-mediated amelioration of zinc toxicity in rice (*Oryza sativa L.*) seedlings [J]. *Plant and Soil*, **350**: 193-204.

Guo W, Hou Y L, Wang S G, *et al*, 2005. Effect of silicate on the growth and arsenate uptake by rice (*Oryza sativa* L.) seedlings in solution culture [J]. *Plant and Soil*, **272**: 173-181.

Guri A, 1983. Variation in glutathione and ascorbic acid content among selected cultivars of Phaseolus vulgaris prior to and after exposure to ozone [J]. *Canadian Journal of Plant Science*, **63**: 733-737.

Hajduch M, Rakwal R, Agrawal G K, *et al*, 2001. High-resolution two-dimensional electrophoresis separation of proteins from metal-stressed rice (*Oryza sativa* L.) leaves: Drastic reductions/fragmentation of ribulose-1, 5-bisphosphate carboxy-lase/oxygnase and induction of stress-related proteins [J]. *Electrophoresis*, **22**: 2824-2831.

Hanifa A M, Subramaniam T R, Ponnaiya B W X, 1974. Role of silica in resistance to the leaf roller, Cnaphalocrocis medinalis Guenée, in rice [J]. *Indian Journal of Experimental Biology*, **12**: 463-465.

Hara T, G u M H, Koyama H, 1999. Ameliorative effect of silicon an aluminum injury in the rice plant [J]. *Soil Science and Plant Nutrition*, **45**: 929-936.

Hauck M, Paul A, Gross S, *et al*, 2003. Manganese toxicity in epiphytic lichens: chlorophyll degradation and interaction with iron and phosphorus [J]. *Environmental and Experimental Botany*, **49**: 181-191.

He C W, Ma J, Wang L J, 2015. A hemicellulose-bound form of silicon with potential to improve the mechanical properties and regeneration of the cell wall of rice [J]. *New Phytologist*, **206**(3): 1051-1062.

Heath R L, Pacher L, 1968. Photoperoxidation in isolated chloroplast: I. Kinetics and stoichemistry of fatty acid peroxidation [J]. *Archives of Biochemistry and Biophysics*, **125**: 189-198.

Hirschi K D, Korenkov D, Wilaganowski N L, *et al*, 2000. Expression of Arabidopsis CAX2 in tobacco. Altered metal accumulation and increased manganese tolerance [J]. *Plant Physiology*, **124**: 125-133.

Hoen P A, Yavuz A, Helene H T, *et al*, 2008. Deep sequencing-based expression analysis shows major advances in robustness, resolution and inter-lab portability over five micro array platforms [J]. *Nucleic Acids Research*, **36**(21): e141.

Horiguchi T, 1987. Mechanism of manganese toxicity or tolerance of plants. Ⅱ. Deposition of oxidized manganese in plant tissues [J]. *Soil Science and Plant Nutrition*, **33**: 595-606.

Horiguchi T, Morita S, 1987. Mechanism of manganese toxicity and tolerance of plants. Ⅵ: Effect of silicon on alleviation of manganese toxicity of barley [J]. *Journal of Plant Nutrition*, **10**(17): 2299-2310.

Horiguchi T, 1988. Mechanism of manganese toxicity and tolerance of plants. Ⅳ. effect of silicon on alleviation of manganese toxicity of rice plants [J]. *Soil Science and Plant Nutrition*, **34**: 65-73.

Horst W J, Marschner H, 1978. Effect of silicon on manganese tolerance of bean plants (*Phaseolus vulgaris* L.)[J]. *Plant and Soil*, **50**: 287-303.

Horst W J, 1988. The physiology of manganese toxicity. In: Graham R D. Hannam R J, Uren U C, eds. Manganese in soils and plants [M]. Dordrecht, Kluwer Publishers, the Netherlands: 175-188.

Horst W J, Fesht-Christoffers M, Naumann A, *et al*, 1999. Physiology of manganese toxicity and tolerance in *Vigna unguiculata* (L.) Walp [J]. *Journal of Plant Nutrion and Soil Science*, **162**: 263-274.

Hossain M T, Mori R, Soga K, *et al*, 2002. Growth promotion and an increase in cell wall extensibility by silicon in rice and some other Poaceae seedings

[J]. *Journal of Plant Research*, **115**: 23-27.

Houtz R L, Nable R O, Cheniae G M, 1988. Evidence for effects on the in vivo activity of ribulose-bisphosphate carboxylase/ oxco [J]. *Plant Physiology*, **86**: 1143-1149.

Huang C F, Yamaji N, Mitani N, *et al*, 2009. Bacterial-Type ABC transporter is involved in aluminum tolerance in rice[J]. *Plant Cell*, **21**: 655-667.

Hughes N P, Williams R J P, 1988. An introduction to manganese biological chemistry. In: Graham R D, Hannam R J, Uren N C, editors. Manganese in soils and plant [M]. Dordrecht: Kluwer Academic: 7-19.

Hussain I, Ashraf M A, Rasheed R, *et al*, 2015. Exogenous application of silicon at the boot stage decreases accumulation of cadmium in wheat (*Triticum aestivum* L.) grains [J]. *Brazilian Journal of Botany*, **38** (2): 223-234.

Husted S, Hebbern C A, Schmidt S B, *et al*, 2009. Photosystem II stability contributes to differential manganese efficiency in barley genotypes [J]. *Plant Physiology*, **150**: 825-833.

Inanaga S, Higuchi Y, Chishaki N, 2002. Effect of sillicon application on reproductive growth of rice plant [J]. *Soil Science and Plant Nutrition*, **48** (3): 341-345.

Inokari G, Kubota T, 1930. On the effect of soil dressing and silica application to peatland paddy fields [J]. *Journal of Sapporo Society of Agriculture Science*, **98**: 484-485.

Islam A, Saha R C, 1969. Effects of silicon on the chemical composition of rice plants [J]. *Plant and Soil*, **30**(3): 446-458.

Issa A A, Abdek-Basset R, Adam M S, 1995. Abolition of heavy metal toxicity on *Kirchneriella hmaris* (Chlorophyta) by calcium [J]. *Annals of Botany*, **75**: 189-192.

Ito S, Hayashi H, 1931. On the relation of silica supply to rice blast [J]. *Journal of Sapporo Society of Agriculture Science*, **103**: 460-461.

Iwasaki K, Matsumura A, 1999. Effect of silicon on alleviation of manganese toxicity in pumpkin (*Cucurbita moschata* Duch cv. Shintosa) [J]. *Soil Science and Plant Nutrition*, **45**(4): 909-920.

Iwasaki K, Maier P, Fecht-Christoffers M, *et al*, 2002. Effects of silicon supply on apoplastic manganese concentrations in leaves and their relation to manganese tolerance in cowpea (*Vigna unguiculata* L. Walp) [J]. *Plant and Soil*, **238**(2): 281-288.

Jensen P E, Bassi R, Boekema E J, *et al*, 2007. Structure, function and regulation of plant photosystem I [J]. *Biochimica et Biophysica Acta*, **1767**: 335-352.

Jones D L, Darrah P R, 1994. Role of root derived organic acids in the mobilization of nutrients from the rhizosphere [J]. *Plant and Soil*, **166**: 247-257.

Kanehisa M, Araki M, Goto S, *et al*, 2008. KEGG for linking genomes to life and the environment[J]. *Nucleic Acids Research*, **36**: 480-484.

Karina P V da C, Clístenes W A do N, 2009. Silicon effects on metal tolerance and structural changes in Maize (*Zea mays* L.) grown on a cadmium and zinc enriched soil [J]. *Water Air and Soil Pollution*, **197**(1-4): 323-330.

Kawasaki S, Borchert C, Deyholas M, *et al*, 2001. Gene expression profiles during the initial phase of salt stress in rice [J]. *Plant Cell*, **13**: 889-905.

Kawashima R, 1927. Influence of silica on rice blast disease [J]. *Japan Journal of Soil Science and Plant Nutrition*, **1**:86-91.

Kaya C, Tuna A L, Sonmez O, *et al*, 2009. Mitigation effects of silicon on maize plants grown at high zinc [J]. *Journal of Plant Nutrition*, **32**(10): 1788-1798.

Kido N, Yokoyama R, Yamamoto T, *et al*, 2015. The matrix polysaccharide (1;3,1;4)-β-D-Glucan is involved in silicon-dependent strengthening of rice cell wall [J]. *Plant Cell Physiology*, **56**(8): 1679.

Kilili K G, Atanassova N, Vardanyan A, *et al*, 2004. Differential roles of tau class glutathione S-transferases in oxidative stress [J]. *Journal of Biological Chemistry*, **279**(23): 24540-24551.

Kim C B, Choi J, 2002. Changes in rice yield, nutrients use efficiency and soil chemical properties as affected by annual application of slag silicate fertilizer [J]. *Korean Journal of Soil Science Fertilization*, **35**: 280-289.

Kim D Y, Bovet L, Maeshima M, *et al*, 2007. The ABC transporter AtPDR8 is a cadmium extrusion pump conferring heavy metal resistance [J]. *Plant Journal*, **50**: 207-218.

Kim Y H, Khan A L, Kim D H, *et al*, 2014a. Silicon mitigates heavy metal stress by regulating P-type heavy metal ATPases, *Oryza sativa* low silicon genes, and endogenous phytohormones [J]. *BMC Plant Biology*, **14**: 13.

Kim Y H, Khan A L, Waqas M, *et al*, 2014b. Regulation of jasmonic acid biosynthesis by silicon application during physical injury to *Oryza sativa* L [J]. *Journal of Plant Research*, **127**(4): 525-532.

Kitao M, Lei T T, Koike T, 1997. Effects of manganese toxicity on photosynthesis of white birch (*Betula platyphylla* var. *japonica*) seedlings [J]. *Physiologia Plantarum*, **101**: 249-256.

Korshunova Y O, Eide D, Clark W G, *et al*, 1999. The IRT1 protein from *Arabidopsis thaliana* is a metal transporter with a broad substrate range [J]. *Plant Molecular Biology*, **40**: 37-44.

Küpper H, Zhao F J, McGrath S P, 1999. Cellular compartmentation of Zinc in leaves of the hyperaccumulator *Thlaspi caerulescens* [J]. *Plant Physiology*, **119**(1): 305-311.

Law M Y, Charles S A, Halliwell B, 1983. Glutathione and ascorbic acid in spinach (*Spinacia oleracea*) chloroplasts, the effect of hydrogen peroxide and of paraquat [J]. *Biochemical Journal*, **210**: 899-903.

Le Bot J, Kirkby E A, Beusicchem M L V, 1990a. Manganese toxicity in tomato Plants: effects on cation uptake and distribution [J]. *Journal of Plant Nutrition*, **13**(5): 513-525.

Le Bot J, Goss M J, Carvalho M J G P R, *et al*, 1990b. The significance of the magnesium to manganese ratio in plant tissues for growth and alleviation of manganese toxiecity in tomato and wheat plants [J]. *Plant and Soil*, **124**: 205-210.

Li W B, Shi X H, Wang H, *et al*, 2004. Effects of silicon on rice leaves resistance to ultraviolet-B [J]. *Acta Botanica Sinica*, **46**(6): 691-697.

Li Q, Chen F, Sun L X, *et al*, 2006. Expression profiling of rice genes in early defense responses to blast and bacterial blight pathogens using cDNA micro array [J]. *Physiological and Molecular Plant Pathology*, **68**: 51-60.

Li J, Leisner S M, 2008. Alleviation of copper toxicity in *Arabidopsis thaliana* by silicon addition to hydroponic solutions [J]. *Journal of the American Society for Horticultural Science*, **133**(5): 670-677.

Li R Y, Stroud J L, Ma J F, *et al*, 2009. Mitigation of arsenic accumulation in rice with water management and silicon fertilization[J]. *Environmental Science and Technology*, **43**(10): 3378-3783.

Li P, Song A L, Li Z J, *et al*, 2012. Silicon ameliorates manganese toxicity by regulating manganese transport and antioxidant reactions in rice (*Oryza sativa* L.) [J]. *Plant and Soil*, **354**(1-2): 407-419.

Li P, Song A L, Li Z J, *et al*, 2015. Silicon ameliorates manganese toxicity by regulating physiological processes and expression of genes relating to photosynthesis in rice (Oryza sativa L.)[J]. *Plant and Soil*, **397**(1): 289-301.

Liang Y C, Shen Q R, Shen Z G, 1996. Effects of silicon on salinity tolerance of two barley cultivars [J]. *Journal of Plant Nutrition*, **19**: 173-183.

Liang Y C, 1999. Effects of silicon on enzyme activity and sodium, potassium and calcium concentration in barley under salt stress [J]. *Plant and Soil*, **209**: 217-224.

Liang Y C, Yang C G, Shi H H, 2001. Effects of silicon on growth and mineral composition of barley grown under toxic levels of aluminum [J]. *Journal of Plant Nutrition*, **24**: 229-243.

Liang Y C, Sun W C, Si J, *et al*, 2005a. Effect of foliar- and root-applied silicon on the enhancement of induced resistance in *Cucumis sativus* to powdery mildew [J]. *Plant Pathology*, **54**: 678-685.

Liang Y C, Wong J W, Wei L, 2005b. Silicon-mediated enhancement of cadmium tolerance in maize (*Zea mays* L.) grown in cadmium contaminated soil [J]. *Chemosphere*, **58**: 475-483.

Liang Y C, Zhang W H, Chen Q, *et al*, 2005c. Effects of silicon on tonoplast H^+-ATPase and H^+-PPase activity, fatty acid composition and fluidity in roots of salt-stressed barley (*Hordeum vulgare* L.)[J]. *Environmental and Experimental Botany*, **53**: 29-37.

Liang Y C, Hua H X, Zhu Y G, *et al*, 2006a. Importance of plant species and external silicon concentration to active silicon uptake and transport [J]. *New Phytologist*, **172**(1): 63-72.

Liang Y C, Zhang W H, Chen Q, *et al*, 2006b. Effect of exogenous silicon (Si) on H^+-ATPase activity, phospholipids and fluidity of plasma membrane in leaves of salt-stressed barley (*Hordeum vulgare* L.) [J]. *Environmental and Experimental Botany*, **57**: 212-219.

Liang Y C, Sun W C, Zhu Y G, *et al*, 2007. Mechanisms of silicon-mediated alleviation of abiotic stresses in higher plants: A review [J]. *Environmental Pollution*, **147**(2): 422-428.

Liang Y C, Nikolic M, Bélanger R, *et al*, 2015. Silicon in Agriculture, from theory to practice [M]. Springer Dordrecht Heidelberg New York London.

Lidon F C, Teixeira M G, 2000a. Oxy radicals production and control in the chloroplast of Mn-treated rice [J]. *Plant Science*, **152**: 7-15.

Lidon F C, Teixeira M G, 2000b. Rice tolerance to excess Mn: implications in the chloroplast lamellae and synthesis of a novel Mn-protein [J]. *Plant Physiology and Biochemistry*, **38**: 969-978.

Lidon F C, 2002. Rice plant structural changes by addition of excess manganese [J]. *Journal of Plant Nutrition*, **25**: 287-296.

Lidon F C, Barreiroc M G, Ramalhob J C, 2004. Manganese accumulation in rice: implications for photosynthetic functioning [J]. *Journal of Plant Physiology*, **161**: 1235-1244.

Lin C C, Kao C H, 2000. Effect of NaCl stress on H_2O_2 metabolism in rice leaves [J]. *Plant Growth Regulation*, **30**: 151-155.

Liu J, Ma J, He C W, 2013. Inhibition of cadmium ion uptake in rice (*Oryza sativa*) cells by a wall-bound form of silicon [J]. *New Phytologist*, **200**: 691-699.

Livak K J, Schmittqen T D, 2001. Analysis of relative gene expression data using real-time quantitative PCR and the 2 (-Delta Delta C (T)) method [J]. *Methods*, **25**(4): 402-408.

Llugany M, Lombini A, Poschenrieder C, 2003. Different mechanisms account for enhanced copper resistance in *Silene armeria* ecotypes from mine spoil and serpentine sites [J]. *Plant and Soil*, **251**: 55-63.

Lopez-Millan A F, Ellis D R, Grusak M A, 2004. Identification and characterization of several new members of the zip family of metal ion transporters in *Medicago truncatula* [J]. *Plant Molecular Biology*, **54**(4): 583-596.

Lyubenova L, Götz C, Golan-Goldhirsh A, 2007. Direct effect of Cd on glutathione S-transferase and glutathione reductase from *Calystegia sepium* [J]. *International Journal of Phytoremediation*, **9**(6): 465-473.

Ma J, Takahashi E, 1990. Effect of silicon on the growth and phosphorus uptake of rice [J]. *Plant and Soil*, **126**(1): 115-119.

Ma J F, Takahashi E, 1993. Interaction between calcium and silicon in water-cultured rice plants [J]. *Plant and Soil*, **148**(1): 107-113.

Ma J F, Goto S, Tamai K, *et al*, 2001. Role of root hairs and lateral roots in silicon uptake by rice [J]. *Plant Physiology*, **127**(4): 1773-1780.

Ma J F, Takahashi E, 2002. Functions of silicon in plant growth. In: Ma J F, Takahashi E. (eds) Soil, fertilizer, and plant silicon research in Japan, 1st edn. Elsevier Science, Amsterdam, The Netherlands: 107-180.

Ma J F, 2004. Role of silicon in enhancing the resistance of plants to biotic and abiotic stresses [J]. *Soil Science and Plant Nutrition*, **50**(1): 11-18.

Ma J F, Tamai T, Wissuwa M, *et al*, 2004. QTL analysis for Si uptake in rice [J]. *Plant Cell Physiology supplement*, **45**:86.

Ma J F, Tamai K, Yamaji N, *et al*, 2006a. A silicon transporter in rice [J]. *Nature*, **440**(7084): 688-691.

Ma J F, Yamaji N, 2006b. Silicon uptake and accumulation in higher plants [J]. *Trends Plant Science*, **11**(8): 392-397.

Ma J F, Yamaji N, Mitani N, 2007. An efflux transporter of silicon in rice [J]. *Nature*, **448**(7150): 209-212.

Ma J F, Yamaji N, Mitani N, 2008. Transporters of arsenite in rice and their role in arsenic accumulation in rice grain [J]. *PNAS*, (29): 9931-9935.

Ma Q B, Dai X Y, Xu Y Y, *et al*, 2009. Enhanced tolerance to chilling stress in OsMYB3R-2transgenic rice is mediated by alteration in cell cycle and ectopic expression of stress genes [J]. *Plant Physiology*, **150**: 244-256.

Ma J, Cai H, He C, *et al*, 2015. Hemicelluloses-bound form of silicon inhibits cadmium ion uptake in rice (*Oryza sativa*) cells [J]. *New Phytologist*, **206**: 1063-1074.

Macfie S M, Taylor G J, 1992. The effects of excess manganese on photosynthetic rate and concentration of chlorophyll in *Triticum aestivum* grown in solution culture [J]. *Physiologia Plantarum*, **85**: 467-475.

Maekawa K, Watanabe K, Aino M, *et al*, 2001. Suppression of rice seedling blast with some silicic acid materials in nursery box [J]. *Journal of Soil Science and Plant Nutrition*(*Japan*), **72**: 56-62.

Malčovská S M, Dučaiová Z, Maslaňáková I, *et al*, 2014. Effect of silicon on growth, photosynthesis, oxidative status and phenolic compounds of maize (*Zea mays* L.) grown in cadmium excess [J]. *Water Air and Soil Pollution*, **225**: 1-11.

Marrs K A, 1996. The functions and regulation of glutathione S-transferases in plants [J]. *Annual Review of Plant Physiology and Plant Molecular Bi-*

ology, **47**: 127-158.

Marschner H, 1990. Mechanisms of adaptation of plants to acid soils. In: Wright R. J., Baligar V C, and Moorman R P. (eds), Plant-soil interactions at low pH. Proceedings of the Second International Symposium on Plant-Soil Interactions at Low pH, June 24-29, 1990, Beckley, West Virginia, USA. Kluwer Academic.

Matoh T, Kairusmee P, Takahashi E, 1986. Salt-induced damage to rice plants and alleviation effect of silicate [J]. *Soil Science and Plant Nutrition*, **32**: 295-304.

Mench M, Martin E, 1991. Mobilization of cadmium and other metals from two soil by root exudates of Zea mays L, *Nicotiana tabacum* L and *Nicotiana rustica* L [J]. *Plant and soil*, **132**: 187-196.

Menon A R, Yatazawa M, 1984. Nature of manganese complexes in manganese accumulator plant-*Acanthopanax sciadophylloides* [J]. *Journal of Plant Nutrition*, **7**(6): 961-974.

Metwally A, Finkemeier I, Georgi M, 2003. Salicylic acid alleviates the cadmium toxicity in barley seedlings [J]. *Plant Physiology*, **132**: 272-281.

Millaleo R, Reyes-Diaz M, Alberdi M, 2013. Excess manganese differentially inhibits photosystem I versus II in *Arabidopsis thaliana* [J]. *Journal of Experimental Botany*, **64**: 343-354.

Ming D F, Pei Z F, Naeem M S, 2012. Silicon alleviates PEG-induced water-deficit stress in upland rice seedlings by enhancing osmotic adjustment [J]. *Journal of Agronomy and Crop Science*, **198**: 14-26.

Mishra N C, Misra B C, 1992. Role of silica in resistance of rice, *Oryza sativa* L. to white-backed planthopper, Sogatella furcifera (Horvath) (Homoptera: Delphacidae) [J]. *Indian Journal of Entomology*, **54**: 190-195.

Mitani N, Ma J F, Iwashita T, 2005. Identification of the silicon form in xylem sap of rice (*Oryza sativa* L.) [J]. *Plant Cell Physiology*, **46** (2): 279-283.

Mitani N, Yamaji N, Ma J F, 2008. Characterization of substrate specificity of rice silicon transporter, Lsi1 [J]. *Pflug Arch -Eur Jour Physiology*, **456** (4): 679-686.

Miyake K, Ikeda M, 1932. Influence of silica application on rice blast [J]. *Japan Journal of Soil Science and Plant Nutrition*, **6**: 53-76.

Miziorko H M, 2000. Phosphoribulokinase: Current perspectives on the structure/function basis for regulation and catalysis [J]. *Advances in Enzymology and Related Areas Molecular Biology*, **74**: 95-127.

Monni S, Uhlig C, Hansen E, *et al*, 2011. Ecophysiological responses of *Empetrum nigrum* to heavy metal pollution [J]. *Environmental Pollution*, **112**(2): 121-129.

Moons A, 2003. Ospdr9, which encodes a PDR-type ABC transporter, is induced by heavy metals, hypoxic stress and redox perturbations in rice roots [J]. *FEBS Letters*, **553**: 370-376.

Moons A, 2008. Transcriptional profiling of the PDR gene family in rice roots in response to plant growth regulators, redox perturbations and weak organic acid stresses [J]. *Planta*, **229**: 53-71.

Moroni J S, Briggs K G, Taylor G J, 1991. Chlorophyll content and leaf elongation rate in wheat seedlings as a measure of manganese tolerance [J]. *Plant and Soil*, **136**: 1-9.

Moroni J S, Scott B J, Wratten N, 2003. Differential tolerance of high manganese among rapeseed genotypes [J]. *Plant and Soil*, **253**: 507-519.

Morrissy A S, Morin R D, Delaney A, *et al*, 2009. Next-generation tag sequencing for cancer gene expression profiling [J]. *Genome Research*, **19**: 1825-1835.

Mukhopadhyay M J, Sharma A, 1991. Manganese in cell metabolism of higher plants [J]. *Botanical Review*, **57**: 117-149.

Nable R O, Houtz R L, Cheniae G M, 1988. Early inhibition of photosynthesis during development of Mn toxicity in tobacco [J]. *Plant Physiology*, **86**: 1136-1142.

Nakata Y, Ueno M, Kihara J, *et al*, 2008. Rice blast disease and susceptibility to pests in a silicon uptake-deficient mutant lsi1 of rice [J]. *Crop Protection*, **27**(3/5) : 865-868.

Negishi T, Nakanishi H, Yazaki J, *et al*, 2002. cDNA microarray analysis of gene expression during Fe-deficiency stress in barley suggests that polar transport of vesicles is implicated in phytosiderophore secretion in Fe-deficient barley roots [J]. *Plant Journal*, **30**: 83-94.

Neumann D, Zurnieden U, Schwieger W, *et al*, 1997. Heavy metal tolerance of *Minuartia verna* [J]. *Journal of Plant Physiology*, **151**(1): 101-108.

Neumann D, Zur N U, 2001. Silicon and heavy metal tolerance of higher plants [J]. *Phytochemistry*, **56**: 685-692.

Norton G J, Lou-Hing D E, Meharg A A, *et al*, 2008. Rice - arsenate interactions in hydroponics: whole genome transcriptional analysis [J]. *Journal of Experimental Botany*, **59**(8): 2267-2276.

Nwugo C C, Huerta A J, 2008. Effects of silicon nutrition on cadmium uptake, growth and photosynthesis of rice plants exposed to low-level cadmium [J]. *Plant and Soil*, **311**: 73-86.

Nwugo C C, Huerta A J, 2011. The effect of silicon on the leaf proteome of rice (*Oryza sativa* L.) plants under cadmium-stress [J]. *Journal of Proteome Research*, **10**(2): 518-528.

Ohki K, 1985. Manganese deficiency and toxicity effects on photosynthesis, chlorophyll, and transpiration in wheat [J]. *Crop Science*, **25**: 187-191.

Okuda A, Takahashi E, 1965. The role of silicon. In: The mineral nutrition of the rice plant. Madison: Johns Hopkins Press: 146-156.

Onodera I, 1917. Chemical studies on rice blast [J]. *Science Agricultural Society*, **180**: 606-617.

Parsons J G, Aldrich M V, Gardea-Torresdey J L, 2002. Environmental and biological application of extended X-ray absorption fine structure (EXAFS) and X-ray absorption near edge structure (XANE) spectroscopies [J]. *Applied Spectroscopy Reviews*, **37**(2): 187-222.

Paul A, Hauck M, Fritz E, 2003. Effects of manganese on element distribution and structure in thalli of the epiphytic lichens Hypogymnia physodes and Lecanora conizaeoides [J]. *Environmental and Experimental Botany*, **50**: 113-124.

Pedas P, Ytting C K, Fuglsang A T, *et al*, 2008. Manganese Efficiency in Barley: Identification and Characterization of the Metal Ion Transporter HvIRT1 [J]. *Plant Physiology*, **148**: 455-466.

Pierzynski G M, 1998. Past, present, and future approaches for testing metals for environmental concerns and regulatory approaches [J]. *Communications in Soil Science and Plant Analysis*, **29**(11-14): 1523-1536.

Pignocchi C, Foyer C H, 2003. Apoplastic ascorbate metabolism and its role in the regulation of cell signaling [J]. *Current Opinion in Plant Biology*, **6**: 379-389.

Pnueli L, Hallak-Herr E, Rozenberg M, *et al*, 2002. Molecular and biochemical mechanisms associated with dormancy and drought tolerance in the desert legume *Retama raetam* [J]. *Plant Journal*, **31**(3): 319-330.

Pompella A, Maellaro E, Casini A F, *et al*, 1987. Histochemical detection of lipid peroxidation in the liver of bromobenzene-poisoned mice [J]. *American Journal of Pathology*, **129**(2): 295-301.

Preeti T, Rudra D T, Rana P S, *et al*, 2013. Silicon mediates arsenic tolerance in rice (*Oryza sativa* L.) through lowering of arsenic uptake and improved antioxidant defence system [J]. *Ecological Engineering*, **52**: 96-103.

Qiu Y P, Yua D Q, 2009. Over-expression of the stress-induced *OsWRKY45* enhances disease resistance and drought tolerance in *Arabidopsis* [J]. *Environmental and Experimental Botany*, **65**: 35-47.

Rahman M J, Kawamura K, Koyama H, 1988. Varietal differences in the growth of rice plants in response to aluminum and silicon [J]. *Soil Science and Plant Nutrition*, **44**: 423-443.

Ramachandran R, Khan Z R, 1991. Mechanisms of resistance in wild rice Oryza brachyantha to rice leaffolder *Cnaphalocrocis medinalis* (Guenée) (Lepidoptera: Pyralidae) [J]. *Journal of Chemical Ecology*, **17**(1): 41-65.

Ranganathan S, Suvarchala V, Rajesh Y B R D, *et al*, 2006. Effect of silicon sources on its deposition, chlorophyll content, and disease and pest resistance in rice [J]. *Biologia Plantarum*, **50**(4): 713-716.

Rea P A, 2007. Plant ATP-binding cassette transporters [J]. *Annual Review of Plant Biology*, **58**: 347-375.

Reiner A, Yekutieli D, Benjamini Y, 2003. Identifying differentially expressed genes using false discovery rate controlling procedures [J]. *Bioinformatics*, **19**: 368-375.

Rezai K, Farboodnia T, 2008. Manganese toxicity effects on chlorophyll content and antioxidant enzymes in pea plant (*Pisum sativum* L. c. v qazvin) [J]. *Agricultural Journal*, **3**: 454-458.

Rizwan M, Meunier J D, Miche H, 2012. Effect of silicon on reducing cadmium toxicity in durum wheat (*Triticumturgidum* L. cv. Claudio W.) grown in a soil with aged contamination [J]. *Journal of Hazardous Materials*, **209-210**: 326-334.

Rodrigues F, Datnoff L E, Korndörfer G H, *et al*, 2001. Effect of silicon and host resistance on sheath blight development in rice [J]. *Plant Disease*, **85** (8): 827-832.

Rodrigues F, Vale F X R, Datnoff L E, *et al*, 2003a. Effect of rice growth stages and silicon on sheath blight development [J]. *Phytopathology*, **93**(3): 256-261.

Rodrigues F A, Benhamou N, Datnoff L E, *et al*, 2003b. Ultrastructural and cytochemical aspects of silicon mediated rice blast resistance [J]. *Phytopathology*, **93**(5): 535-546.

Rogalla H, Römheld V, 2002. Role of leaf apoplast in silicon mediated manganese tolerance of *Cucumis sativus* L [J]. *Plant Cell and Environment*, **25** (4): 549-555.

Romero-Aranda M R, Jurado O, Cuartero J, 2006. Silicon alleviates the deleterious salt effect on tomato plant growth by improving plant water status [J]. *Journal of Plant Physiology*, **163**: 847-855.

Sakurai G, Satake A, Yamaji N, *et al*, 2015. In silico simulation modeling reveals the importance of the Casparian strip for efficient silicon uptake in rice roots [J]. *Plant Cell Physiology*, **56**(4): 631-639.

Salim M, Saxena R C, 1992. Iron, silica, and aluminum stresses and varietal resistance in rice: effects on white-backed planthopper [J]. *Crop Science*, **32**(1): 212-219.

Sanglard L M, Martins S C, Detmann K C, *et al*, 2014. Silicon nutrition alleviates the negative impacts of arsenic on the photosynthetic apparatus of rice leaves: an analysis of the key limitations of photosynthesis [J]. *Physiologia Plantarum*, **152**(2): 355-366.

Santandrea G, Pandolfini T, Bennici A, 2000. A physiological characterization of Mn-tolerant tobacco plants selected by in vitro culture [J]. *Plant Science*, **150**: 163-170.

Sasaki A, Yamaji N, Yolosho K, 2012. Nramp5 is a major transporter responsible for manganese and cadmium uptake in rice [J]. *Plant Cell*, **24**(5): 2155-2167.

Sasaki T, Matsumoto T, Yamamoto K, *et al*, 2002. The genome sequence and structure of rice chromosome I [J]. *Nature*, **420**: 312-316.

Sasamoto K, 1955. Studies on the relation between insect pests and silica content in rice plant (Ⅲ): on the relation between some physical properties of silicified rice plant and injuries by rice stem borer, rice plant skipper and rice stem maggot [J]. *Oyo Kontyu*, **11**: 66-69.

Sasamoto K, 1958. Studies on the relation between the silica content of the rice plant and the insect pests. Ⅳ. On the injury of silicated rice plant caused by the Rice Stem Borer and its feeding behavior [J]. *Japanese Journal of Applied Entomology and Zoology*, **2**: 88-92.

Savant N K, Snyder G H, Datnoff L E, 1997. Silicon management and sustainable rice production [J]. *Advances in Agronomy*, **58**: 151-199.

Seebold K W, Kucharek T A, Datnoff L E, *et al*, 2001. The influence of silicon on components of resistance to blast in susceptible, partially resistant, and resistant cultivars of rice [J]. *Phytochemist*, **91**(1): 63-69.

Shenker M, Plessner O E, Tel-Or E, 2004. Manganese nutrition effects on tomato growth, chlorophyll concentration, and superoxide dismutase activity [J]. *Journal of Plant Physiology*, **161**: 197-202.

Shi J Y, Chen Y X, Hunag Y Y, *et al*, 2004. SRXRF microprobe as a technique for studying elements distribution in *Elsholtzia Splendens* [J]. *Micro*, **35**(7): 557-564.

Shi Q H, Bao Z Y, Zhu Z J, *et al*, 2005a. Silicon-mediated alleviation of Mn toxicity in *Cucumis sativus* in relation to activities of superoxide dismutase and ascorbate peroxidase [J]. *Phytochemistry*, **66**(13): 1551-1559.

Shi Q H, Zhu Z J, Xu M, *et al*, 2005b. Effect of excess manganese on the antioxidant system in *Cucumis sativus* L. under two light intensities [J]. *Environmental and Experimental Botany*, **58**(1-3): 197-205.

Shi X H, Zhang C C, Wang H, *et al*, 2005c. Effect of Si on the distribution of Cd in rice seedlings [J]. *Plant and Soil*, **272**(1): 53-60.

Shi Y, Wang Y C, Flowers T J, *et al*, 2013. Silicon decreases chloride transport in rice (Oryza sativa L.) in saline conditions [J]. *Journal of Plant Physiology*, **170**: 847-853.

Singh V P, Tripathi D K, Kumar D, *et al*, 2011. Influence of exogenous silicon addition on aluminium tolerance in rice seedlings [J]. *Biological Trace Element Research*, **144**: 1260-1274.

Sinha S, Mukherji S, Dutta J, 2002. Effect of manganese toxicity on pigment content, Hill activity and photosynthetic rate of *Vigna radiata* L. Wilczek seedlings [J]. *Journal of Environmental Biology*, **23**: 253-257.

Sistani K R, Savant N K, Reddy K C, 1997. Effect of rice hull ash silicon on rice seedling growth [J]. *Journal of plant nutrition*, **20**(1): 195-201.

Song A L, Li Z J, Zhang J, *et al*, 2009. Silicon-enhanced resistance to cadmium toxicity in *Brassica chinensis* L. is attributed to Si-suppressed cadmium uptake and transport and Si-enhanced antioxidant defense capacity [J]. *Journal of Hazardous Materials*, **172**(1): 74-83.

Song A L, Li P, Li Z J, *et al*, 2011. The alleviation of zinc toxicity by silicon is related to zinc transport and antioxidative reactions in rice [J]. *Plant and Soil*, **344**(1-2): 319-333.

Song A L, Li P,Li Z J, *et al*, 2014. The effect of silicon on photosynthesis and expression of its relevant genes in rice (*Oryza sativa* L.) under high-zinc stress [J]. *Plos One*, **9**(11): e113782.

Stoyanova Z, Zozikova E, Poschenrieder C, *et al*, 2008. The effect of silicon on the symptoms of manganese toxicity in maize plants [J]. *Acta Biologica Hungarica*, **59**(4): 479-487.

Straczek A, Sarret G, Manceau A, *et al*, 2008. Zinc distribution and speciation in roots of various genotypes of tobacco exposed to Zn [J]. *Environmental and Experimental Botany*, **63**: 80-90.

Subrahamanyam D, Rathore V S, 2001. Influence of manganese toxicity on photosynthesis in ricebean (*Vigna unguiculata*) seedlings [J]. *Photosynthetica*, **38**: 449-453.

Sudhakar G K, Singh R, Mishra S B, 1991. Susceptibility of rice varieties of different durations to rice leaf folder, Cnaphalocrocis medinalis Guen, evaluated under varied land situations [J]. *Journal of Entomological Research*, **15**(2): 79-87.

Sultan M, Schulz M H, Richard H, *et al*, 2008. A global view of gene activity and alternative splicing by deep sequencing of the human transcriptome [J]. *Science*, **321**: 956-960.

Takahashi Y, 1967. Nutritional studies on development of *Helminthosporium* leaf spot. Proceedings, Symposium on rice diseases and their control by growing resistant varieties and other measures [J]. *Kyoto, Japan: Agriculture, Forestry and Fisheries Research Council*: 157-170.

Tripathi D K, Singh V P, Kumar D, *et al*, 2012a. Rice seedlings under cadmium stress: effect of silicon on growth, cadmium uptake, oxidative stress, antioxidant capacity and root and leaf structures [J]. *Chemistry and Ecology*, **28**: 281-291.

Tripathi D K, Singh V P, Kumar D, *et al*, 2012b. Impact of exogenous silicon addition on chromium uptake, growth, mineral elements, oxidative stress, antioxidant capacity, and leaf and root structures in rice seedlings exposed to hexavalent chromium [J]. *Acta Physiologiae Plantarum*, **34**(1): 279-289.

Tripathi D K, Singh V P, Prasad S M, *et al*, 2015. Silicon-mediated alleviation of Cr(Ⅵ) toxicity in wheat seedlings as evidenced by chlorophyll florescence, laser induced break down spectroscopy and anatomical changes [J]. *Ecotoxicology and Environmental Safety*, **113**:133-144.

Van Bockhaven J, Spíchal L, Novák O, *et al*, 2015a. Silicon induces resistance to the brown spot fungus Cochliobolus miyabeanus by preventing the pathogen from hijacking the rice ethylene pathway [J]. *New Phytologist*, **206**(2): 761-73.

Van Bockhaven J, Steppe K, Bauweraerts I, *et al*, 2015b. Primary metabolism plays a central role in moulding silicon-inducible brown spot resistance in rice [J]. *Molecular Plant Pathology*, **16**(8): 811-824.

Velikova V, Yordanov I, Edreva A, 2000. Oxidative stress and some antioxidant systems in acid rain-treated bean plants protective role of exogenous polyamines [J]. *Plant Science*, **151**: 59-66.

Vlamis J, William D E, 1967. Manganese and silicon interaction in the gramineae [J]. *Plant and Soil*, **27**: 131-140.

Volk R J, Kahn R P, Weintraub R L, 1958. Silicon content of the rice plant as a factor in influencing its resistance to infection by the rice blast fungus, *Piricularia oryzae* [J]. *Phytopathology*, **48**: 121-178.

Walia H, Wilson C, Condamine P, *et al*, 2005. Comparative transcriptional profiling of two contrasting rice genotypes under salinity stress during the vegetative growth stage [J]. *Plant Physiology*, **139**: 822-835.

Wang Y S, Yang Z M, 2005. Nitric oxide reduces aluminum toxicity by preventing oxidative stress in the roots of *Cassia tora* L [J]. *Plant and Cell Physiology*, **46**: 1915-1923.

Wei W, Zhang Y, Han L, *et al*, 2008. A novel WRKY transcriptional factor from Thlaspi caerulescens negatively regulates the osmotic stress tolerance of transgenic tobacco [J]. *Plant Cell Reports*, **27**: 795-803.

Wiese H, Nikolic M, Römhel V, 2007. Silicon in plant nutrition. Effect of zinc, manganese and boron leaf concentrations and compartmentation. In: Sattelmacher B, Horst W J, (eds) The Apoplast of Higher Plants: Compartment of Storage, Transport and Reactions. Springer, Dordrecht: 33-47.

Williams D E, Vlamis J, 1957. The effect of silicon on yield and manganese-54 uptake and distribution in the leaves of barley plants grown in culture solutions [J]. *Plant Physiology*, **32**: 404-409.

Wissemeier A H, Horst W J, 1992. Effect of light intensity on manganese toxicity symptoms and callose formation in cowpea (*Vigna unguiculata* (L.) Walp.) [J]. *Plant and Soil*, **143**: 299-309.

Wu C, Zou Q, Xue S, *et al*, 2015. Effects of silicon (Si) on arsenic (As) accumulation and speciation in rice (*Oryza sativa* L.) genotypes with different radial oxygen loss (ROL) [J]. *Chemosphere*, **138**:447-453.

Wu J Z, Maehara T, Shimokawa T, *et al*, 2002. A comprehensive rice transcript map containing 6591 expressed sequence tag sites [J]. *Plant Cell*, **14**: 525-535.

Wu Q S, Wan X Y, Su N, *et al*, 2006. Genetic dissection of silicon uptake ability in rice (*Oryzasativa* L.) [J]. *Plant Science*, **171**(4): 441-448.

Wu W S, Chen B S, 2007. Identifying stress transcription factors using gene expression and TF-Gene association data [J]. *Bioinformatics Biology Insights*, **1**: 9-17.

Xie Z, Zhang Z L, Zou X, *et al*, 2005. Annotations and functional analyses of the rice WRKY gene super-family reveal positive and negative regulators of abscisic acid signaling in aleurone cells [J]. *Plant Physiology*, **137**: 176-189.

Xie Z, Zhang Z L, Zou X, *et al*, 2006. Interactions of two abscisic-acid induced WRKY genes in repressing gibberellin signalling in aleurone cells [J]. *Plant Journal*, **46**: 231-242.

Xu S Y, Yao Q, Wang H, *et al*, 2003. Accumulation and distribution of manganese in shoots of apple cultivars with different sensitivity to manganese [J]. *Acta Horticulturae Sinica*, **30**: 19-22.

Xu X, Chen C, Fan B, *et al*, 2006. Physical and functional interactions between pathogen-induced *Arabidopsis* WRKY18, WRKY40 and WRKY60 transcription factors [J]. *Plant Cell*, **18**: 1310-1326.

Yamaji N, Ma J F, 2009. A transporter at the node responsible for intervascul-artransfer of silicon in rice [J]. *Plant Cell*, **21**(9): 2878-2883.

Yamaji N, Mitani N, Ma J F, 2008. A transporter regulating silicon distribution in rice shoots [J]. *Plant Cell*, **20**(5): 1381-1389.

Yamaji N, Sakurai G, Mitani-Ueno N, *et al*, 2015. Orchestration of three transporters and distinct vascular structures in node for intervascular transfer of silicon in rice [J]. *Proceedings of the National Academy of Sciences of the United States of America*, **112**(36): 11401-11406.

Yang G Q, Hu W F, Zhu Z F, *et al*, 2014. Effects of foliar spraying of silicon and phosphorus on rice (*Oryza sativa*) plants and their resistance to the white-backed planthopper, *Sogatella furcifera* (Hemiptera: Delphacidae) [J]. *Acta Entomologica Sinica*, **57**(8): 927-934.

Yeo A R, Flowers S A, Rao G, *et al*, 1999. Silicon reduces sodium uptake in rice (*Oryza sativa* L.) in saline conditions and this is accounted for by a reduction in the transpirational bypass flow [J]. *Plant Cell and Environment*, **22**(5): 559-565.

Zano-Június L A, Rodrigues F, Ferreira R L, *et al*, 2009. Rice resistance to brown spot mediated by silicon and its interaction with manganese [J]. *Phytopathology*, **157**: 73-78.

Zhang G L, Dai Q G, Zhang H C, 2006. Silicon application enhances resistance to sheath blight (*Rhizoctonia solani*) in rice [J]. *Journal of Plant Physiology and Molecular Biology*, **32**(28): 600-606.

Zeng F R, Zhao F S, Qiu B Y, *et al*, 2011. Alleviation of chromium toxicity by silicon addition in rice plants[J]. *Agricultural Sciences in China*, **10**(8): 1188-1196.

Zhu J, Verslues P E, Zheng X W, *et al*, 2005. HOS10 encodes an R2R3-type MYB transcription factor essential for cold acclimation in plants [J]. *Proceedings of the National Academy of Sciences of the United States of America*, **102**: 9966-9971.

Zsoldos F, Vashegyi A, Pecsvaradi A, *et al*, 2003. Influence of silicon on aluminium toxicity in common and durum wheats [J]. *Agronomy*, **23**(4): 349-354.

附:正文所对应的彩图

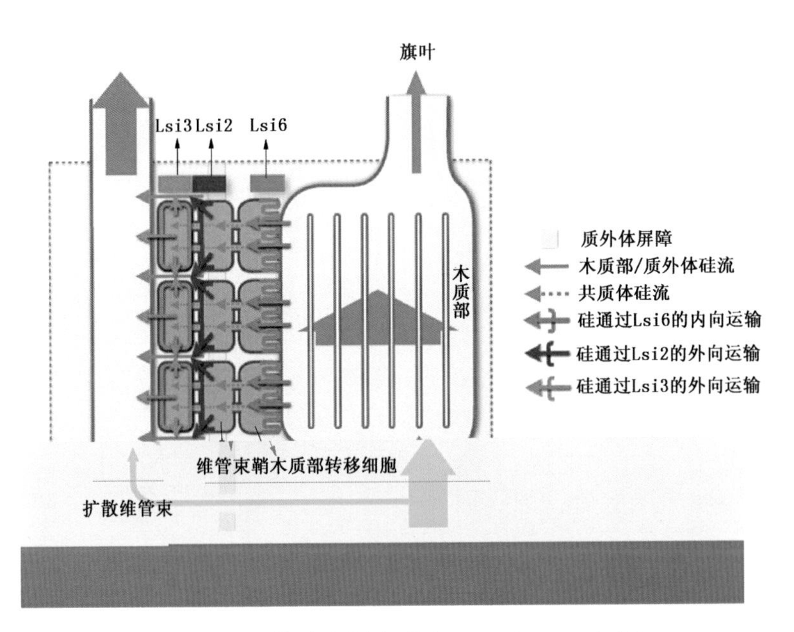

彩图 1.1　硅的转移路径图(引自 Yamaji *et al*, 2015)

(正文见第 2 页)

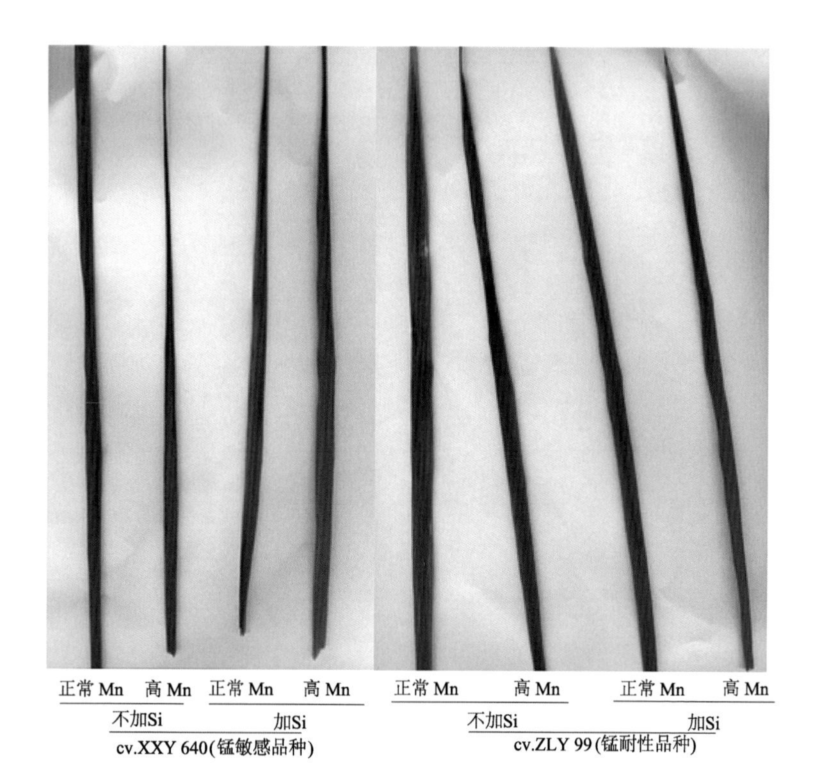

彩图 3.1 不同锰水平下加硅和不加硅处理对两水稻品种叶片生长的影响(Li *et al*,2012)(正文见第 28 页)

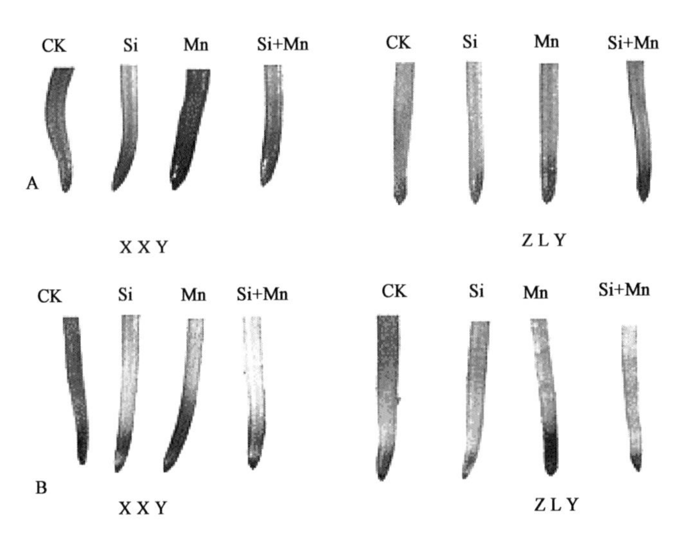

彩图 5.1 Si 对 Mn 胁迫下两个水稻品种根系质膜完整性(A)和膜脂质过氧化(B)的影响(李萍等,2011)(正文见第 48 页)

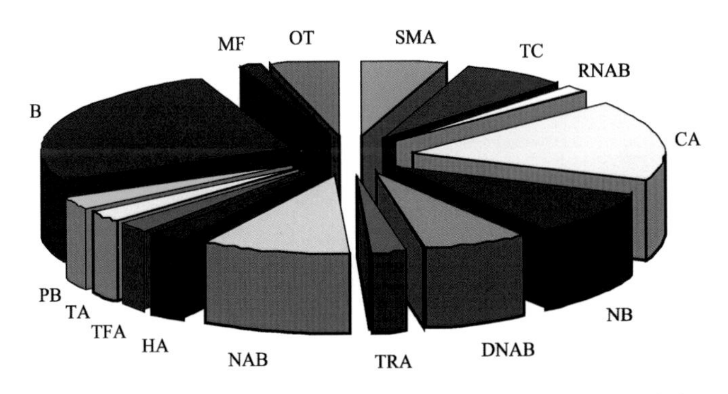

彩图 7.5 高锰胁迫下施硅后水稻差异表达基因分子功能分类（正文见第 74 页）

结构基因活性(SMA),转运子活性(TC),RNA 绑定活性(RNAB),催化活性(CA),核苷酸活性(NB),DNA 绑定活性(DNAB),转录调节因子活性(TRA),核酸活性(NAB),水解酶活性(HA),转录因子活性(TFA),转移酶活性(TA),绑定蛋白(PB),绑定活性(B),分子功能(MF)和其他(OT)

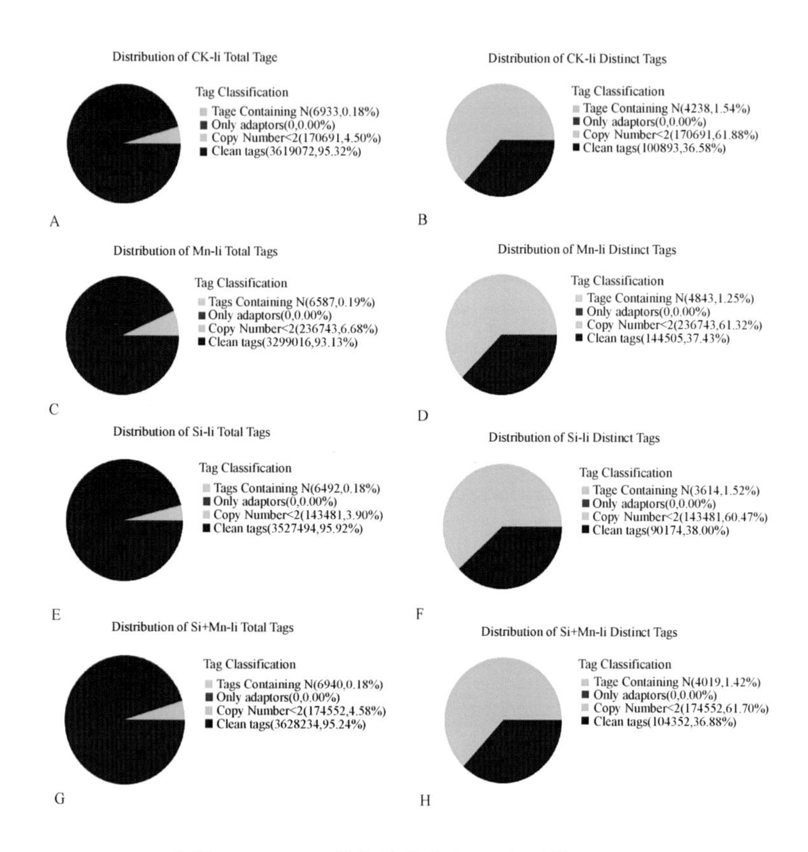

彩图 7.3　Tags 拷贝数的分布（正文见第 72 页）

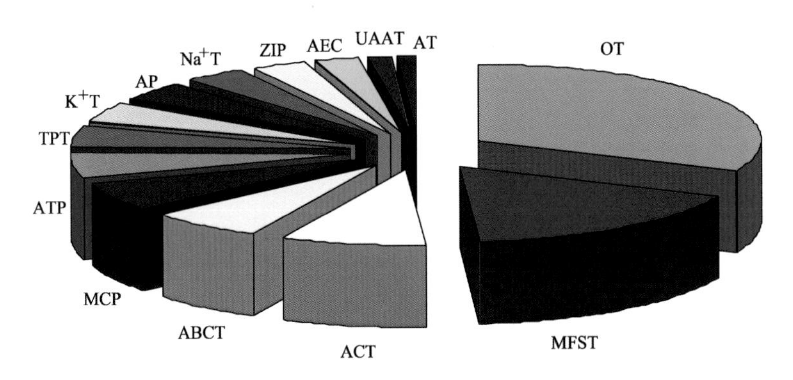

彩图 7.6 差异表达的转运子

(正文见第 74 页)

氨基酸转运子(ACT),线粒体转运蛋白(MCP),MFS 通用底物转运蛋白(MFST),钾转运子(K^+ T),UAA 转运家族(UAAT),ABC 转运子(ABCT),水通道蛋白(AP),zip 锌转运体(ZIP),丙醣磷酸转运体(TPT),氨转运蛋白家族(AT),钠转运子(Na^+ T),生长素外运载体(AEC) 和其他(OT)

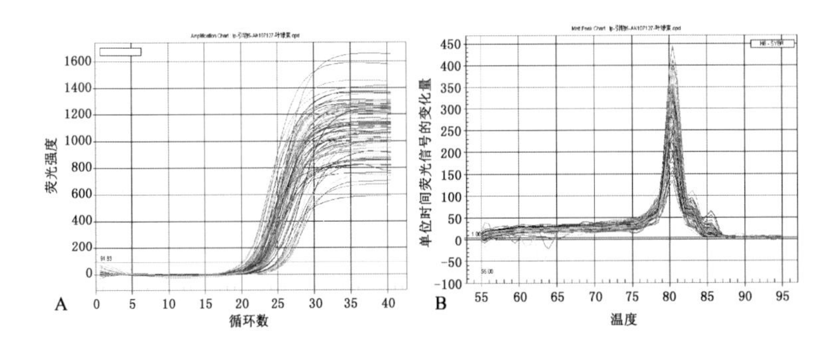

彩图 8.4 AK107127 基因的实时荧光定量 PCR 扩增曲线(A)和 PCR 产物熔解曲线(B)(正文见第 93 页)

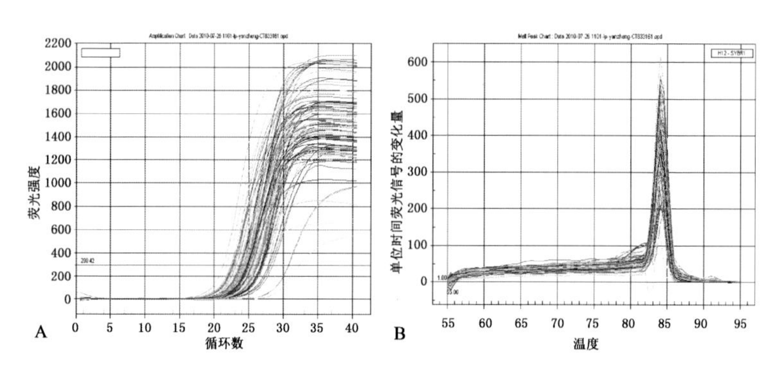

彩图 8.5　CT 833161 基因的实时荧光定量 PCR 扩增曲线(A)和 PCR 产物熔解曲线(B)(正文见第 94 页)

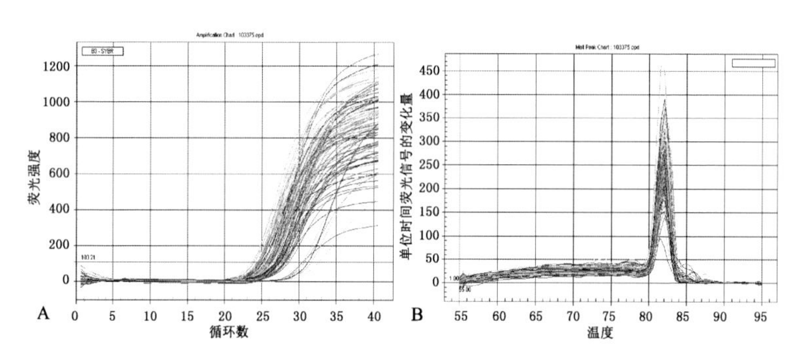

彩图 8.6　Af 093635 基因的实时荧光定量 PCR 扩增曲线(A)和 PCR 产物熔解曲线(B)(正文见第 94 页)

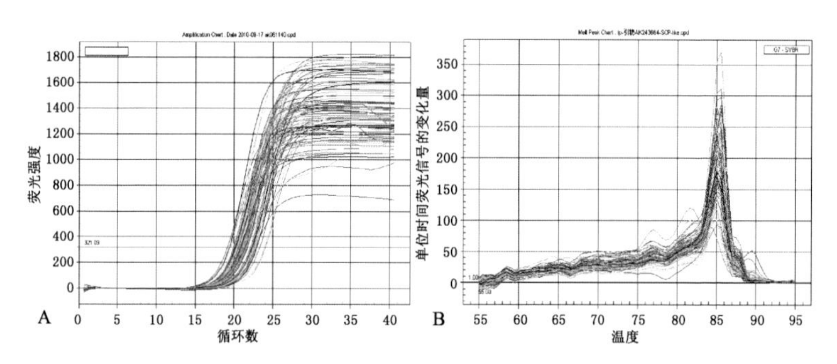

彩图 8.7　AK061040 基因的实时荧光定量 PCR 扩增(A)和 PCR 产物熔解曲线(B)(正文见第 94 页)

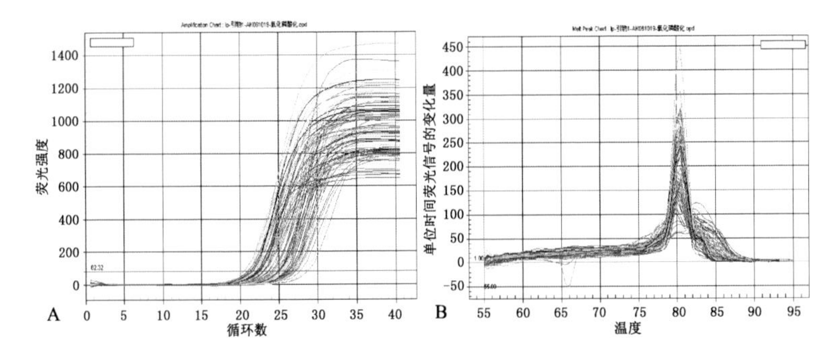

彩图 8.8 AK061019 基因的实时荧光定量 PCR 扩增曲线(A)和 PCR 产物熔解曲线(B)(正文见第 95 页)

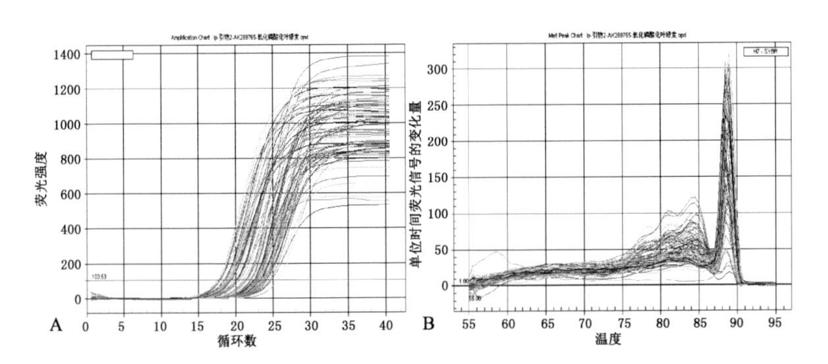

彩图 8.9 AK288765 基因的实时荧光定量 PCR 扩增曲线(A)和 PCR 产物熔解曲线(B)(正文见第 95 页)

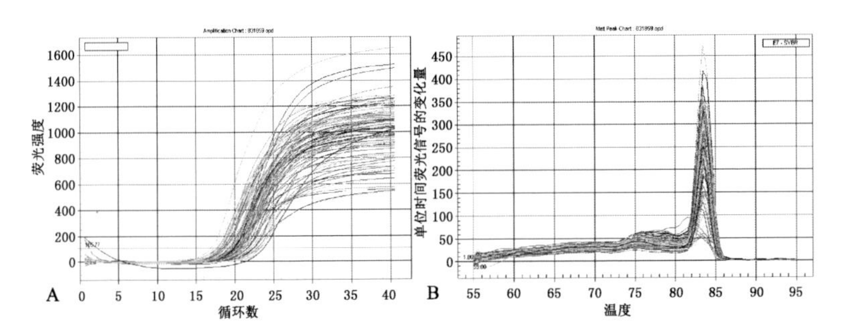

彩图 8.10 CT831859 基因的实时荧光定量 PCR 扩增曲线(A)和 PCR 产物熔解曲线(B)(正文见第 95 页)

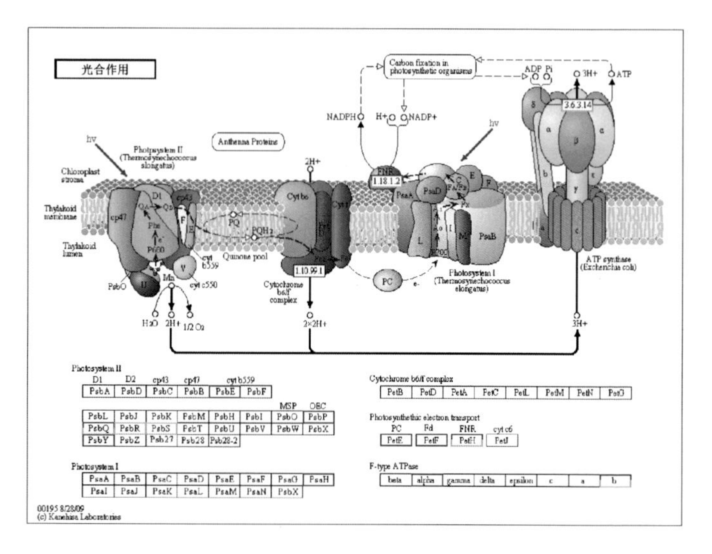

彩图 8.11　叶绿体中的电子传递系统（正文见第 96 页）

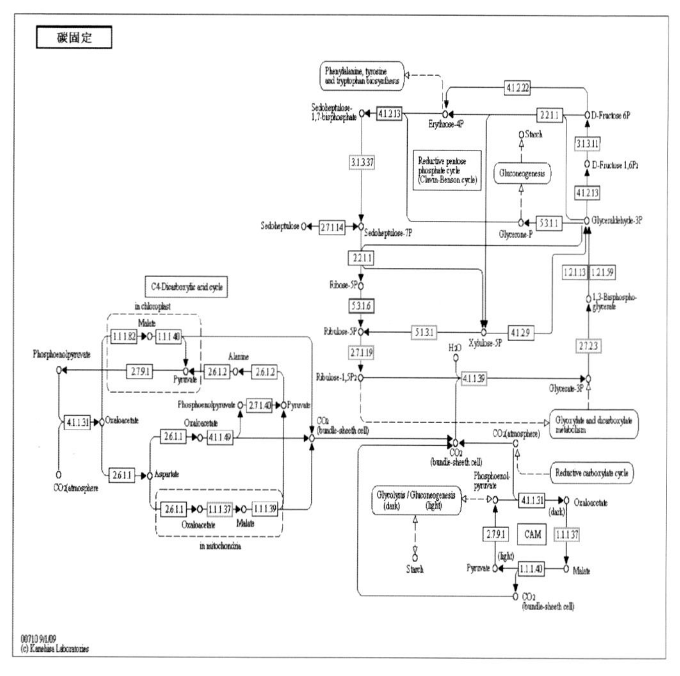

彩图 8.12　CO_2 固定过程（正文见第 97 页）